Sungjoo Kim
Subeen Kim
Taerin Kim

Um estudo sobre o mecanismo de redução de dióxido de carbono em metanol

Sungjoo Kim
Subeen Kim
Taerin Kim

Um estudo sobre o mecanismo de redução de dióxido de carbono em metanol

Redução de Dióxido de Carbono Utilizando Catalisador de Carbeno N-Heterocíclico

ScienciaScripts

Imprint

Cover image: www.ingimage.com

This book is a translation from the original published under ISBN 978-3-659-85243-5.

Publisher:
Sciencia Scripts
is a trademark of
Dodo Books Indian Ocean Ltd. and OmniScriptum S.R.L publishing group

120 High Road, East Finchley, London, N2 9ED, United Kingdom
Str. Armeneasca 28/1, office 1, Chisinau MD-2012, Republic of Moldova, Europe
Printed at: see last page
ISBN: 978-620-8-35932-4

ÍNDICE

INTRODUÇÃO 2
CAPÍTULO 1 DIÓXIDO DE CARBONO E GLOBAL 4
CAPÍTULO 2 FIXAÇÃO E UTILIZAÇÃO DO DIÓXIDO DE CARBONO 12
CAPÍTULO 3 CARBENO N-HETEROCÍCLICO E SUA QUÍMICA 19
CAPÍTULO 4 VERIFICAÇÃO DO MECANISMO PERTINENTE 31
REFERÊNCIAS 44

INTRODUÇÃO

Na sociedade contemporânea, o crescimento da população mundial é uma preocupação fundamental sobre o equilíbrio entre as necessidades humanas e os recursos disponíveis. A população mundial era de 7,3 mil milhões de pessoas em meados de 2015 e continua a crescer. Prevê-se que a população mundial aumente em mais de mil milhões de pessoas nos próximos 15 anos, atingindo 8,5 mil milhões em 2030 e 9,7 mil milhões em 2050, com base nos dados das Nações Unidas.

O consumo mundial total de energia foi de cerca de 12,928 mil milhões de toneladas de equivalente de petróleo no ano de 2014, com base no petróleo, gás natural, carvão, energia nuclear, hidroeletricidade e energias renováveis como fonte de energia primária. O petróleo representa a maior quota de 32,6 % como combustível dominante no consumo mundial de energia.

As provas das alterações climáticas estão a ser cuidadosamente acumuladas por cientistas de todo o mundo. Um dos efeitos mais imediatos e óbvios do aquecimento global é o aumento da temperatura média global, causado pela emissão de gases com efeito de estufa, como o dióxido de carbono, o metano e o óxido nitroso.

As concentrações atmosféricas de gases com efeito de estufa aumentaram desde o ano de 1750 em 41%, 153% e 20% para o dióxido de carbono, o metano e o óxido nitroso, respetivamente. A concentração troposférica de dióxido de carbono aumentou de 280 ppm no ano de 1750 para 395,4 ppm no ano de 2013. Além disso, as alterações no forçamento radiativo desde o ano de 1750, que representam o aumento do forçamento radiativo na taxa por metro quadrado do dióxido de carbono, do metano e do óxido nitroso, são de 1,88 W/m^2 , 0,49 W/m^2 , 0,17 W/m^2 , respetivamente.

Nas últimas décadas, as alterações climáticas têm causado impactos nos sistemas naturais e humanos em todos os continentes e nos oceanos. Os glaciares continuam a diminuir em quase todo o mundo devido às alterações climáticas, afectando o escoamento superficial e os recursos hídricos. As alterações climáticas estão a provocar o aquecimento e o degelo do permafrost nas regiões de elevada latitude e nas regiões de elevada altitude. Consequentemente, a alteração da precipitação ou a fusão da neve e do gelo estão a alterar os sistemas hidrológicos, afectando os recursos hídricos em termos de quantidade e qualidade em muitas regiões.

É de grande interesse desenvolver métodos para utilizar o dióxido de carbono como matéria-prima para a síntese orgânica. Por exemplo, os carbonatos orgânicos utilizam CO ou CO_2 como fonte de carbono carbonílico e o material de partida do CO_2 é benéfico, uma vez que o CO_2 tem as vantagens de não ser tóxico, ser abundante, económico e amigo do ambiente. A maioria dos catalisadores são complexos de metais de transição homogéneos e heterogéneos. Um dos organocatalisadores em mais rápido crescimento é o N-carbeno heterocíclico (NHC). O NHC é um tipo de carbeno que apresenta uma reatividade superior com outros produtos químicos. Além disso, os NHC podem ser sintetizados através da reação de compostos orgânicos simples.

A utilização de dióxido de carbono como matéria-prima para formar metanol foi conduzida pela redução de CO_2 com hidrosilanos sobre organocatalisadores de carbenos N-heterocíclicos (NHC). O mecanismo de reação foi investigado com análises GC-MS e NMR. Foi possível confirmar que o metanol foi finalmente formado após a hidrólise. Assim, conclui-se que o mecanismo de reação proposto é razoável na produção de metanol com dióxido de carbono utilizando carbenos N-heterocíclicos à temperatura ambiente.

CAPÍTULO 1 O DIÓXIDO DE CARBONO E A GLOBALIZAÇÃO

PROBLEMAS AMBIENTAIS

1. Consumo mundial de energia e emissões de dióxido de carbono

1.1 Consumo mundial de energia

De acordo com dados das Nações Unidas, a população mundial era de 7,3 mil milhões de pessoas em meados de 2015. Além disso, a população mundial continua a crescer e prevê-se que aumente em mais de mil milhões de pessoas nos próximos 15 anos, atingindo 8,5 mil milhões em 2030 e 9,7 mil milhões em 2050.[1] A população urbana representa metade da população mundial em julho de 2015 e será de 6,2 mil milhões, ou seja, cerca de dois terços da população mundial em 2050.[2]

O atual crescimento contínuo da população exige mais energia. O consumo total de energia a nível mundial foi de cerca de 12,928 mil milhões de toneladas de equivalente de petróleo no ano de 2014, com base no petróleo, gás natural, carvão, energia nuclear, hidroeletricidade e energias renováveis como fonte de energia primária, como mostra o [Quadro 1-1]. O petróleo representa a maior quota de 32,6 % como combustível dominante no consumo mundial de energia. No entanto, a quota de mercado do petróleo diminuiu nos últimos quinze anos. O segundo é o carvão, cuja quota de mercado tem vindo a aumentar continuamente. Ocupa atualmente 30,0% do mercado. A terceira quota é a do gás natural, com 23,7%. No que diz respeito ao consumo total de energia a nível mundial, o crescimento médio de dez anos foi de 2,1%, mas o crescimento anual foi de 0,9% em 2014, uma vez que os países da OCDE, o Japão e a UE registaram uma diminuição do consumo de energia de 0,9%, 3,0% e 3,9%, respetivamente.

[Quadro 1-1] Consumo mundial de energia por fonte de energia[3]

Fonte de energia	Óleo	Gás	Carvão	Energia nuclear	Hidroeletricidade	Renováveis	Total
milhões de toneladas de petróleo equivalente	4,211.10	3,065.50	3,881,80	574.00	879.00	316.90	12,928.30
Percentagem (%)	32.6	23.7	30.0	4.4	6.8	2.5	100

Baseado em "BP Statistical Review of World Energy" (junho de 2015) - referência 3

Nas zonas urbanas, as casas, os edifícios de escritórios, as centrais eléctricas municipais, as estações de tratamento de águas residuais, os autocarros, os automóveis, a iluminação pública, etc., são as principais fontes de consumo de energia devido à grande população urbana.[2] Assim, os principais consumos de energia podem ser classificados por sector de utilização final, ou seja, residencial, comercial, industrial, transportes e eletricidade, como se mostra no [Quadro 1-2]. O maior sector do consumo mundial de petróleo é o sector dos transportes, que representa cerca de 56% do consumo de petróleo no ano de 2015.4 [Tabela 1-2] Consumo mundial total de petróleo por sector de utilização final[4]

[unidade: quadrilião de BTU]

Setor de utilização final	Ano 2010	Ano 2020 (previsto)	Ano 2015 (média de 2010 e 2020)
Residencial	9.5 (5.4%)	9.2 (4.7%)	9.4 (5.0%)
Comercial	4.5 (2.6%)	4.4 (2.2%)	4.5 (2.4%)
Industrial	57.0 (32.4%)	63.7 (32.3%)	60.4 (32.3%)
Transporte	96.2 (54.6%)	111.7 (56.6%)	104.9 (54.6%)
Eletricidade	8.8 (5.9%)	8.3 (4.2%)	8.6 (5.0%)
Total	176.0 (100%)	197.2 (100%)	186.9 (100%)

Com base em "International Energy Outlook 2014", DOE/EIA-0484(2014), setembro de 2014 (caso de referência) - referência 4

1.2 Emissão de dióxido de carbono

As emissões de gases com efeito de estufa (GEE) causadas pelas actividades humanas desde a era pré-industrial conduziram a grandes aumentos das concentrações atmosféricas de dióxido de carbono, metano e óxido nitroso. As emissões antropogénicas acumuladas de dióxido de carbono para a atmosfera foram de cerca de 2 040 mil milhões de toneladas entre o ano de 1750 e o ano de 2011. Cerca de metade das emissões antropogénicas de dióxido de carbono entre 1750 e 2011 ocorreram nos últimos 40 anos.[5]

As emissões de dióxido de carbono relacionadas com a energia baseiam-se no consumo humano de energia através da combustão de petróleo, gás natural e carvão e são responsáveis por grande parte das emissões antropogénicas mundiais de gases com efeito de estufa.[6] As emissões de dióxido de carbono provenientes de combustíveis hidrocarbonados contribuíram com cerca de 78% do aumento total das emissões de gases com efeito de estufa entre 1970 e 2010, tendo-se observado também uma contribuição percentual semelhante para o aumento durante o período de 2000 a 2010.[5]

À medida que a população urbana aumenta, as cidades fornecem a maior parte da riqueza económica e dos activos de infra-estruturas do mundo atual. Além disso, as cidades albergam algumas das populações mais instruídas e são centros de inovação. Apesar dos benefícios que proporcionam, as cidades produzem cerca de 36 a 48% das emissões globais de gases com efeito de estufa, sendo uma das principais fontes de emissões de gases com efeito de estufa.

A quantidade de emissões globais de dióxido de carbono foi de 31,1 mil milhões de toneladas métricas no ano de 2010 e aumentará anualmente a uma taxa média de 4,9% até ao ano de 2040.[5] O carvão é o combustível fóssil com maior intensidade de carbono e é responsável por 39% das emissões totais em 1990 e 44% em 2010, e a sua quota aumentará para 47% em 2020 e 2030, como se mostra no [Quadro 1-3]. As emissões de dióxido de carbono relacionadas com a energia provenientes do gás natural foram de 6,1 mil milhões de toneladas métricas no ano de 2010 e aumentarão a uma taxa média anual de 5,46% até ao ano de 2040. O consumo mundial de gás natural está a crescer mais rapidamente do que o de outros hidrocarbonetos combustíveis. No entanto, a quota-parte do gás natural nas emissões de dióxido de carbono relacionadas com a energia em 2040 será de apenas 22%, devido à sua intensidade de carbono relativamente baixa.

[Quadro 1-3] Emissão global de dióxido de carbono por combustíveis hidrocarbonados[6]

[unidade: mil milhões de toneladas métricas].

Ano Combustível \^	1990	2000	2010	2020	2030	2040
Carvão	8.3 (39%)	8.6 (36%)	13.8 (44%)	17.0 (47%)	19.6 (47%)	20.8 (45%)
Líquido Combustíveis	9.2 (42%)	10.5 (44%)	11.2 (36%)	12.2 (33%)	13.4 (32%)	14.7 (33%)
Natural Gás	4.1 (19%)	4.7 (20%)	6.1 (20%)	7.2 (20%)	8.7 (21%)	10.1 (22%)
Total	21.6 (100%)	23.8 (100%)	31.1 (100%)	36.4 (100%)	41.7 (100%)	45.6 (100%)

Com base em "International Energy Outlook 2013", DOE/EIA-0484(2013), julho de 2013 - referência 6

2. Problemas ambientais globais 2.1 Evidência de alterações climáticas globais

As concentrações atmosféricas de GEE aumentaram desde o ano de 1750 em 41%, 153% e 20% para o dióxido de carbono, o metano e o óxido nitroso, respetivamente. A concentração troposférica de dióxido de carbono aumentou de 280 ppm no ano de 1750 para 395,4 ppm no ano de 2013. A concentração troposférica de metano e óxido nitroso aumentou de 722 ppb e 270 ppb no ano de 1750 para 1.828 ppb e 325 ppb no ano de 2012, respetivamente.[7] No que respeita às alterações do forçamento radiativo desde o ano de 1750, que representam um aumento do forçamento radiativo na taxa por metro quadrado, o dióxido de carbono, o metano e o óxido nitroso são de 1,88 W/m^2 , 0,49 W/m^2 , 0,17 W/m^2 , respetivamente.[7] A este respeito, o tempo de vida atmosférico de um gás com efeito de estufa é de cerca de 100 a 300 anos para o dióxido de carbono, 12 anos para o metano e 121 anos para o óxido nitroso.[7]

A Terra tem estado sucessivamente mais quente nas últimas três décadas desde o ano de 1850. Assim, o período de 1983 a 2012 foi o período de 30 anos mais quente dos últimos 800 anos no Hemisfério Norte. A média global dos dados combinados da temperatura da superfície terrestre e oceânica revela um aquecimento de 0,85 °C (0,65 °C a 1,06 °C) no período de 1880 a 2012.[5] O aumento total é de 0,78 °C (0,72 °C a 0,85 °C) entre a média do período 1850 - 1900 e o período 2003 - 2012.

O aquecimento dos oceanos é dominante, uma vez que os oceanos absorveram 90% da energia acumulada entre 1971 e 2010, tendo apenas cerca de 1% sido armazenado na atmosfera. Numa escala global, o aquecimento dos oceanos é maior perto da superfície, e os 75 m superiores aqueceram 0,11 °C (0,09 °C a 0,13 °C) por década durante o período de 1971 a 2010. De facto, a extensão do aquecimento do oceano superior (0 - 700 m) durante o período de 1971 a 2010 é igual à extensão do aquecimento entre a década de 1870 e o ano de 1971.[5]

Nas últimas duas décadas, as camadas de gelo da Gronelândia e da Antárctida diminuíram de massa. Os glaciares continuaram a diminuir em quase todo o mundo. A taxa de perda de massa de gelo do manto de gelo da Gronelândia aumentou substancialmente no período de 1992 a 2011, resultando numa perda de massa maior no período de 2002 a 2011 do que no período de 1992 a 2011. A extensão da cobertura de gelo no Hemisfério Norte diminuiu desde meados do século XX em 1,6% (0,8% a 2,4%) por década para março e abril, e 11,7% por década para junho, no período de 1967 a 2012.

A extensão média anual do gelo marinho no Ártico diminuiu durante o período de 1979 a 2012. A taxa de diminuição situou-se entre 3,5 e 4,1% por década. A taxa de diminuição situou-se entre 3,5 e 4,1% por década. A extensão do gelo marinho do Ártico diminuiu em todas as estações e em todas as décadas sucessivas desde 1979, com a diminuição mais rápida da extensão média decadal no verão. Relativamente ao mínimo de gelo marinho no verão, a diminuição situou-se entre 9,4 e 13,6% por década, ou seja, entre 0,73 e 1,07 milhões de km^2 por década.[5]

No período de 1901 a 2010, o nível médio global do mar subiu 0,19 m (0,17 m a 0,21 m). A taxa de subida do nível do mar desde meados do século XIX tem sido maior do que a taxa média durante os dois milénios anteriores.[5] A taxa média de subida do nível do mar à escala global foi de 1,7 mm/ano (1,5 mm/ano a 1,9 mm/ano) entre 1901 e 2010 e de 3,2 mm/ano (2,8 mm/ano a 3,6 mm/ano) entre 1993 e 2010. Desde o início da década de 1970, a perda de massa dos glaciares e a expansão térmica dos oceanos devido ao aquecimento estão relacionadas com cerca de 75% da subida média global do nível do mar observada.[5]

2.2 Problemas ambientais globais

Nas últimas décadas, as alterações climáticas causaram impactos nos sistemas naturais e humanos em todos os continentes e nos oceanos. Os glaciares continuam a diminuir em quase todo o mundo devido às alterações climáticas, afectando o escoamento superficial e os recursos hídricos. As alterações climáticas estão a provocar o aquecimento e o degelo do permafrost nas regiões de alta latitude e nas regiões de elevada altitude. Consequentemente, a alteração da precipitação ou a fusão da neve e do gelo estão a alterar os sistemas hidrológicos, afectando os recursos hídricos em termos de quantidade e qualidade em muitas regiões.[5]

As espécies de água doce e marinhas alteraram as suas áreas geográficas, actividades sazonais, padrões de migração, abundâncias e interações entre espécies em resposta às alterações climáticas em curso. Registaram-se cinco eventos de extinção em massa ao longo da história da Terra. No terceiro evento de extinção, há 250 milhões de anos, que é o pior de todos, 96% das espécies marinhas e 70% das espécies terrestres desapareceram. Foram necessários milhões de anos para recuperar. Por exemplo, os recifes não reapareceram durante cerca de 10 milhões de anos, o maior hiato na construção de recifes em toda a história da Terra. Atualmente, a Terra está a sofrer outra extinção em massa, a "Sexta Extinção", causada por alterações climáticas antropogénicas.[8]

A absorção oceânica de dióxido de carbono resultou na acidificação dos oceanos. O pH das águas superficiais dos oceanos diminuiu 0,1, o que corresponde a um aumento de 26% da acidez, medida como concentração de iões de hidrogénio.[5] A acidificação dos oceanos é um dos principais problemas ambientais da atualidade. De facto, os oceanos absorveram cerca de um terço do dióxido de carbono produzido pelas actividades humanas desde 1800 e cerca de metade do dióxido de carbono produzido pela queima de combustíveis fósseis. À medida que o dióxido de carbono nos oceanos aumenta, o pH dos oceanos diminui ou torna-se mais ácido, ou seja, a acidificação dos oceanos. A acidificação dos oceanos já diminuiu o pH dos oceanos. Se não reduzirmos as emissões de dióxido de carbono para a atmosfera, a acidificação dos oceanos aumentará e os ecossistemas marinhos, como os recifes de coral e as espécies calcificantes, incluindo ostras, amêijoas, ouriços-do-mar e plâncton calcário, serão danificados ou destruídos. Quando os organismos com conchas estão em risco, toda a teia alimentar pode também estar em risco, uma vez que, atualmente, mais de mil milhões de pessoas em todo o mundo dependem de alimentos provenientes do oceano como principal fonte de proteínas.[9]

A desertificação é a degradação dos ecossistemas das terras secas causada pelas alterações climáticas e pelas actividades humanas. A degradação das terras significa a redução ou perda da produtividade biológica ou económica das terras secas. A desertificação diminui a diversidade biológica que contribui para muitos dos serviços prestados aos seres humanos pelos ecossistemas das terras secas. As temperaturas mais elevadas resultantes do aumento dos níveis de dióxido de carbono podem ter um impacto negativo através do aumento da perda de água do solo e da redução da precipitação nas terras secas. As terras secas ocupam 41% da superfície terrestre e estão relacionadas com mais de 2 mil milhões de pessoas no ano 2000. Atualmente, as zonas mais vulneráveis à desertificação são as terras secas da África subsariana e da Ásia Central. Cerca de 10 a 20% das terras secas já estão degradadas. Por conseguinte, a desertificação e a degradação dos serviços ecossistémicos nas terras secas ameaçarão a futura melhoria do bem-estar humano, que requer necessidades humanas básicas nas terras secas.[10]

Metade da população mundial vive a menos de 100 km do mar e três quartos de todas as grandes cidades estão localizadas na costa. As previsões indicam que a proporção da população mundial que vive em zonas costeiras poderá atingir 75% na década de 2030, contra 60% em 2010.[11] As zonas costeiras são também zonas económicas importantes, uma vez que são ricas em recursos. O turismo, a aquicultura, a pesca, a agricultura, a silvicultura, as actividades recreativas e as infra-estruturas serão fortemente afectados pelos efeitos da subida do nível do mar.

De acordo com um relatório de investigação da Universidade Americana de Beirute, as alterações climáticas conduzirão provavelmente a um certo grau de subida do nível do mar no Mar Mediterrâneo, afectando a costa norte do Egito e o Delta do Nilo. Se o nível do mar subir um metro no Mediterrâneo até 2050, 30% das terras agrícolas mais preciosas do Egito no Delta, bem como várias cidades costeiras, ficarão submersas.[12] Além disso, a deslocalização de populações que vivem em zonas gravemente afectadas, como Tuvalu, Bangladesh e Samoa, já deu origem a refugiados das alterações climáticas. Em zonas onde não se prevê que o nível do mar suba tão rapidamente, foram implementados vastos projectos de infra-estruturas para atenuar os impactos da subida do nível do mar, como nos Países Baixos e em Londres.

O número de registos de temperaturas baixas diminuiu e o número de registos de temperaturas altas aumentou à escala global. A frequência das vagas de calor aumentou em grande parte da Europa, da Ásia e da Austrália. A influência humana contribuiu para as alterações observadas à escala global na frequência e intensidade dos extremos diários de temperatura desde meados do século XX.[5] Os impactos dos recentes fenómenos extremos relacionados com o clima, tais como vagas de calor, vagas de frio, secas, inundações, ciclones, fortes nevões e incêndios florestais, revelaram uma vulnerabilidade significativa à atual variabilidade climática. Os impactos destes fenómenos extremos relacionados com o clima causam alterações nos ecossistemas, perturbações na produção alimentar e no abastecimento de água, danos nas infra-estruturas e nas povoações, morbilidade e mortalidade humanas e consequências para a saúde mental e o bem-estar humano. Os prejuízos resultantes de catástrofes relacionadas com o clima aumentaram substancialmente nas últimas décadas, tanto a nível mundial como regional.

O permafrost é o solo que se encontra a 0 °C ou abaixo do ponto de congelação da água durante dois ou mais anos. Em algumas zonas, o permafrost esteve congelado durante 40 000 anos. As regiões de permafrost cobrem cerca de 25% da área terrestre do Hemisfério Norte. O carbono no permafrost está congelado sob a forma de vários tipos de matéria orgânica. O carbono do permafrost é o que resta das plantas e dos animais acumulados no solo perenemente congelado ao longo de milhares de anos, e a região do permafrost contém duas vezes mais carbono do que existe atualmente na atmosfera.[13,14] Nas regiões terrestres de alta latitude, as temperaturas aumentaram 0,6 °C por década nos últimos 30 anos, duas vezes mais depressa do que a média global. Quando o aquecimento terrestre nas latitudes elevadas provoca o aquecimento do solo e o degelo do permafrost, os micróbios do solo decompõem a matéria orgânica, libertando dióxido de carbono. Os micróbios do solo também libertam metano, que é um gás com efeito de estufa muito mais potente do que o dióxido de carbono. O aquecimento a altas latitudes e a emissão de carbono do permafrost continuam a ser uma reação do ciclo do carbono às alterações climáticas. O degelo do permafrost libertará grandes quantidades de dióxido de carbono e metano, o que conduzirá ao aumento das temperaturas globais. O aumento da temperatura global conduzirá a um novo degelo do permafrost, resultando novamente num aumento das temperaturas globais.

A região do permafrost vai desde as terras altas aeróbias até aos lagos e zonas húmidas anaeróbias das terras baixas. Nos solos aeróbicos, o dióxido de carbono é libertado pela decomposição microbiana do carbono orgânico do solo, enquanto que nos solos anaeróbicos é libertado dióxido de carbono e metano. Um processo de degelo gradual e abrupto, como o degelo descendente do permafrost, cria condições aeróbias. Por outro lado, um processo de degelo abrupto pode criar condições anaeróbias mais húmidas.

As reservas de carbono nas regiões de permafrost representam um grande reservatório vulnerável a alterações num clima mais quente. Com base na atual trajetória de aquecimento, cerca de 5% a 15% do reservatório de carbono do permafrost terrestre será vulnerável à libertação de gases com efeito de estufa durante o século XXI. Os 10% do reservatório de carbono do permafrost terrestre significam cerca de 130 a 160 mil milhões de toneladas de carbono durante um século. À medida que a região do permafrost aquece, as emissões de carbono do permafrost ocorrerão ao longo de décadas e séculos, em vez de num período de alguns anos a uma década. As emissões de carbono do permafrost fazem com que as alterações climáticas ocorram ainda mais rapidamente do que as emissões resultantes apenas das actividades humanas e não só durante este século (o século XXI), mas também para além dele, resultando em custos catastróficos para a sociedade humana.[13,14]

CAPÍTULO 2 FIXAÇÃO E UTILIZAÇÃO DO DIÓXIDO DE CARBONO

1. Captura e armazenamento de dióxido de carbono

A utilização abundante de combustíveis fósseis tornou-se uma causa de preocupação devido aos seus efeitos adversos no ambiente, particularmente relacionados com a emissão de dióxido de carbono, um dos principais gases antropogénicos com efeito de estufa (GEE). Atualmente, o aquecimento global é amplamente reconhecido como o problema ambiental mais significativo a longo prazo. As preocupações com o aquecimento global e as alterações climáticas desencadearam esforços a nível mundial para reduzir a concentração de dióxido de carbono atmosférico.[1]

A fim de reduzir as suas emissões de dióxido de carbono, é essencial melhorar a eficiência energética e promover a conservação de energia. Além disso, vários países têm adotado diferentes abordagens, como se segue:

- Aumentar a utilização de combustíveis com baixo teor de carbono, como o gás natural
- Utilizar energias renováveis, como a solar, a eólica, a hidroelétrica e a bioenergia
- Aplicar abordagens de geoengenharia, por exemplo, florestação e reflorestação
- Adotar a captura e armazenamento de dióxido de carbono (CAC)

Cada abordagem tem vantagens e limitações intrínsecas que condicionam a sua aplicabilidade. Entre as diferentes abordagens, a CAC pode reduzir as emissões de dióxido de carbono de grandes fontes pontuais de emissão, como as empresas de produção de eletricidade e os emissores de energia intensiva, por exemplo, as fábricas de cimento. Nesta abordagem, o dióxido de carbono é primeiro capturado dos gases de combustão, separado do adsorvente, transportado e depois armazenado permanentemente ou reutilizado industrialmente.

Uma central eléctrica equipada com um sistema CCS (com acesso a armazenamento geológico ou oceânico) necessitaria de cerca de 10 a 40% mais energia do que uma central de produção equivalente sem CCS, sendo a maior parte dessa energia destinada à captura e compressão. Para um armazenamento seguro, o resultado líquido é que uma central eléctrica com CAC poderia reduzir as emissões de dióxido de carbono para a atmosfera em cerca de 80 a 90%, em comparação com uma central sem CAC.

Existem diferentes tipos de sistemas de captura de dióxido de carbono, ou seja, pós-combustão, pré-combustão e oxicombustão. A concentração de dióxido de carbono no fluxo de gás, a pressão do fluxo de gás e o tipo de combustível (sólido ou gasoso) são factores importantes na seleção do sistema de captura.

O processo de pós-combustão remove o dióxido de carbono do gás de combustão após a realização da combustão. A tecnologia foi comprovada em pequena escala, com o dióxido de carbono recuperado a taxas de até 800 toneladas/dia. No entanto, o principal desafio do processo de pós-combustão é o seu elevado custo. A energia e os custos associados para que a unidade de captura atinja a concentração de dióxido de carbono (superior a 95,5%) necessária para o transporte e o armazenamento são elevados, uma vez que o nível de dióxido de carbono nos gases de combustão é normalmente bastante baixo, ou seja, 7-14% no caso da combustão a carvão e 4% no caso da combustão a gás. Um estudo recente indicou que o custo da eletricidade aumentaria 32% e 65% com a pós-combustão em centrais a gás e a carvão, respetivamente.[2] Em setembro de 2014, estavam em funcionamento (13 projectos) ou em construção (9 projectos) 22 projectos integrados de captura e armazenagem de carbono em grande escala, mas dois deles são de tecnologia de pós-combustão.[3]

Existem quatro métodos comuns de separação de gases, ou seja, separação com solventes ou adsorventes, separação através de uma membrana e separação por destilação criogénica. A separação de gases com solventes é realizada num sistema de vaso de pressão duplo. O dióxido de carbono é absorvido através da passagem do gás contendo CO_2 em contacto íntimo num recipiente sob pressão (absorvedor) com um absorvente líquido capaz de capturar o dióxido de carbono. O absorvente carregado com o dióxido de carbono capturado é transportado para um outro recipiente (regenerador), onde liberta o dióxido de carbono após ser aquecido. O absorvente após a etapa de regeneração é então reciclado para o absorvente para ser contactado com o dióxido de carbono.[4,5]

Os adsorventes típicos são a monoetanolamina (MEA), o 2-amino-2-metil-1-propanol (AMP), a dietanolamina (DEA), a metildietanolamina (MDEA) e o carbonato de potássio. A monoetanolamina (MEA) é um tipo de amina muito utilizado como absorvente para a captura de dióxido de carbono. A MEA pode produzir 99% de pureza de dióxido de carbono com 98% de taxa de recuperação de dióxido de carbono.[3,5]

A separação de gases com adsorventes é um sistema que tem dois ou mais recipientes sob pressão. Na adsorção por oscilação de pressão (PSA) com um adsorvente, o gás que contém CO_2 flui através de um leito de adsorvente a uma pressão elevada até que a concentração do gás desejado se aproxime do equilíbrio. Subsequentemente, o mesmo leito é regenerado através da redução da pressão enquanto o gás contendo CO_2 flui através de um leito de adsorvente no outro recipiente. Na adsorção por oscilação de temperatura (TSA) com um adsorvente, o adsorvente é regenerado através do aumento da sua temperatura.[4,6] Os adsorventes sólidos, como os zeólitos e o carvão ativado, podem ser utilizados para separar o dióxido de carbono das misturas gasosas.[4,6]

A separação de gases com membranas consiste em utilizar membranas que permitem a permeação selectiva de um gás através delas devido à natureza do material da membrana.

Os materiais típicos das membranas são polímeros, metais e cerâmicas, bem como zeólitos.[4,5] As principais variáveis de desempenho das membranas são a seletividade, a permeabilidade e a durabilidade. Para as membranas de difusão de solução, a permeabilidade é definida como o produto da solubilidade e da difusividade. Idealmente, as membranas devem apresentar uma elevada seletividade e uma elevada permeabilidade. No entanto, tem havido um compromisso entre seletividade e permeabilidade para a maioria das membranas. As membranas de elevada seletividade tendem a apresentar uma menor permeabilidade e vice-versa.[7] O fluxo de gás através da membrana é normalmente impulsionado pela diferença de pressão através da membrana. Por conseguinte, os fluxos de alta pressão são geralmente preferidos para a separação por membrana. Este tipo de separação ainda não foi aplicado em grande escala e estão em curso esforços de investigação e desenvolvimento para a captura de dióxido de carbono.[5]

Um gás pode ser tornado líquido através de uma série de etapas de compressão, arrefecimento e expansão, o que se designa por separação criogénica. Uma vez no estado líquido, os componentes do gás podem ser separados numa coluna de destilação. A separação criogénica é amplamente utilizada comercialmente para fluxos que já têm concentrações elevadas de CO_2 superiores a 90%, mas não é utilizada para fluxos de CO_2 mais diluídos. Uma das principais desvantagens da separação criogénica é a quantidade de energia necessária para fornecer a refrigeração necessária ao processo, especialmente para fluxos de gás diluídos. A separação criogénica é sobretudo utilizada na captura de carbono para separar as impurezas de fluxos de CO_2 de elevada pureza, como no caso da combustão de oxi-combustível ou no caso do gás de síntese que sofreu uma conversão por turnos de CO em CO_2.[4,5]

2. Dióxido de carbono para um ciclo neutro em termos de carbono

A utilização do dióxido de carbono tornou-se uma questão global importante devido ao aumento contínuo e significativo das concentrações de CO_2 na atmosfera. Numa análise recente, foram descritas as tendências de investigação relativas à conversão e utilização do CO_2.[8] Os objectivos estratégicos para a utilização do CO_2 são o processamento físico e químico benigno para o ambiente com CO_2, a produção de produtos químicos e materiais industrialmente úteis com CO_2, a utilização do CO_2 como um fluido benéfico no processamento ou como um meio para a recuperação de energia e redução de emissões, e a reciclagem do CO_2 para conservar os recursos de carbono com fontes de energia renováveis.[8] No entanto, a concretização dos objectivos estratégicos tem sido um desafio, uma vez que existem grandes obstáculos à utilização do CO_2, que podem ser resumidos da seguinte forma

- Custos de captura, separação, purificação e transporte de CO_2
- Necessidades energéticas da conversão química do CO_2
- Dimensão limitada do mercado, fracos incentivos ao investimento e falta de compromissos

industriais para melhorar os produtos químicos à base de $CO2$

Para os químicos, o dióxido de carbono é um recurso de carbono facilmente disponível e renovável que tem as vantagens de não ser tóxico, ser abundante, económico e amigo do ambiente. A utilização de CO_2 na síntese orgânica é importante no que respeita à garantia de recursos de carbono e não à mitigação de um gás com efeito de estufa. Normalmente, quatro carbonatos orgânicos industrialmente importantes são o carbonato de dimetilo, o carbonato de difenilo, o carbonato de etileno e o carbonato de propileno. Os carbonatos orgânicos utilizam CO ou CO_2 como fonte de carbono carbonílico, sendo preferível o CO_2 como material de partida.[9]

A hidrogenação catalítica do CO_2 em metano, designada por reação de Sabatier, é também um processo importante, uma vez que a reação de Sabatier tem sido aplicada na produção de gás de síntese e na remoção de quantidades vestigiais de CO_2 em alimentações de hidrogénio para a síntese de amoníaco.[10]

Reação de Sabatier :

$$CO_2 + 4H_2 \rightarrow CH_4 + 2H_2O \quad \Delta H° = -165.0 \text{ kJ/mol} \qquad (2\text{-}1)$$

A metanação do CO_2 é termodinamicamente favorável com a energia livre de Gibbs negativa, $\Delta G° = -113,4$ kJ/mol.[11] No entanto, existe um obstáculo na redução do carbono totalmente oxidado a metano devido ao processo de um oitavo eletrão de C no CO_2. Assim, a metanação do CO_2 requer um catalisador para atingir taxas cinéticas e selectividades aceitáveis.[10] Foram relatados muitos estudos sobre a hidrogenação do CO_2 em metano com vários sistemas catalíticos com metais VIIIB (por exemplo, Ni, Ru e Rh) que são suportados em vários óxidos, como SiO_2, TiO_2, $CeO2$ e Al_2O_3.[11,12,13,14] Os catalisadores de níquel suportados têm sido amplamente investigados. Verificou-se que o suporte desempenha um papel muito ativo na interação entre o níquel e o suporte. Os catalisadores de níquel em diferentes superfícies de suporte resultam em diferentes graus de desempenho em termos de atividade e seletividade para uma determinada reação.[15,16] Os catalisadores de níquel suportados em sílica amorfa são activos na metanação de CO_2 e a atividade de hidrogenação das nanopartículas de níquel suportadas em sílica amorfa, preparada por permuta iónica, é melhor do que a do suporte de sílica gel.[15,17]

Atualmente, existem dois mecanismos de reação propostos para a metanação do CO_2. O primeiro é um mecanismo em duas etapas, ou seja, a conversão de CO_2 em CO e a subsequente reação de metanação do CO.[18,19] O outro mecanismo é a hidrogenação direta do CO_2 em metano.[20,21]

Os monocristais de Ni têm-se revelado modelos razoáveis de catalisadores práticos para a metanação. No estudo da metanação de CO_2 sobre Ni (1 0 0), foram necessárias energias de ativação de 88,7 kJ/mol e 72,8 - 82,4 kJ/mol para a formação de CH4 e CO, respetivamente. A energia de ativação e as taxas absolutas para a formação de CH4 a partir de CO_2 são muito próximas dos valores observados a partir de CO em condições de reação idênticas. Os resultados sugerem um mecanismo em que o CO_2 é convertido em CO e depois em carbono adsorvido antes da hidrogenação.[22] Foi relatado que o CO_2 pode reagir com H2 na presença do catalisador Rh/γ-Al2O3 para produzir metano a baixa temperatura e pressão atmosférica. No mecanismo de metanação proposto com base em experimentos DRIFT, a primeira etapa do mecanismo poderia ser a quimisorção de CO_2 no catalisador e a subsequente dissociação de CO_2 em CO e O adsorvido na superfície. O passo final é a reação das espécies dissociadas com H_2.[23]

A reciclagem do dióxido de carbono através da sua redução química com hidrogénio para produzir metanol e/ou DME (ou seja, a economia do metanol) oferece uma nova forma viável se qualquer fonte de energia disponível, incluindo energias alternativas como a energia solar, eólica, geotérmica e atómica, puder ser utilizada para a conversão química do CO_2. A economia do metanol, com a reciclagem química do dióxido de carbono em metanol e/ou éter dimetílico e, subsequentemente, em hidrocarbonetos e produtos sintéticos, oferece uma nova forma de tornar os combustíveis renováveis e ambientalmente neutros em termos de carbono ou mesmo negativos.[24]

A síntese de metanol com catalisadores de cobre/óxido de zinco/alumina, funcionando a 150 - 250 bar, foi introduzida na Polónia em 1952. O processo comercial de alta pressão foi melhorado com condições de reação mais suaves de 50 - 100 bar e 200 - 300 °C pela ICI na década de 1960.[14,2] 5 Atualmente, o metanol é produzido principalmente a partir de gás de síntese, que pode ser obtido a partir de diferentes processos, como a reforma a vapor do metano, a reforma a vapor de hidrocarbonetos leves, a oxidação parcial e a gaseificação do carvão. O gás de síntese produzido é posteriormente convertido em metanol ou noutros hidrocarbonetos líquidos através do processo Fischer-Tropsch.[26]

- Reforma de metano a vapor:

$$CH_4 + H_2O \leftrightarrow CO + 3H_2 \quad \Delta H° = +205 \text{ kJ/mol} \qquad (2\text{-}2)$$

Reforming a vapor de hidrocarbonetos leves:

$$C_nH_m + n\ H_2O \leftrightarrow n\ CO + (n+m)/2\ H_2 \qquad (2\text{-}3)$$

- Oxidação parcial:

$$CH_4 + 1/2\ O_2 \leftrightarrow CO + 2H_2 \quad \Delta H° = -36 \text{ kJ/mol} \qquad (2\text{-}4)$$

- Gaseificação do carvão:

$$C + H_2O \leftrightarrow CO + H_2 \qquad \Delta H° = +131 \text{ kJ/mol} \qquad (2\text{-}5)$$

A utilização de CO_2 em vez de CO para produzir gás de síntese é uma forma atractiva que pode ser resumida com as seguintes reacções.[27]

- Reação inversa de transferência de gás da água:

$$CO_2 + H_2 \leftrightarrow CO + H_2O \qquad \Delta H° = +41.2 \text{ kJ/mol} \qquad (2\text{-}6)$$

- Reação de produção de metanol:

$$CO_2 + 3H_2 \leftrightarrow CH_3OH + H_2O \qquad \Delta H° = -90.85 \text{ kJ/mol} \qquad (2\text{-}7)$$

Na hidrogenação do CO_2, o CO_2 pode formar CO através da reação inversa de transferência de gás de água ou metanol através da reação de produção de metanol. Foram estudados sistemas de catalisadores para a hidrogenação direta do CO_2 para formar metanol e o cobre continua a ser o principal componente ativo do catalisador com vários modificadores (Zn, Zr, Ce, Al, Si, V, Ti, Ga, B, Cr, etc.).[28] Nos catalisadores ultrafinos à base de Cu/ZnO que utilizam um método de redução, a dispersão e a estabilidade do cobre podem ser melhoradas através da dopagem de Cr, Zr e Th.[29] Um suporte adequado não só proporciona uma boa configuração da fase ativa, como também tem algumas funções no ajuste das interações entre os componentes primários do catalisador e do promotor. Além disso, as caraterísticas de basicidade e acidez do catalisador podem também ser afectadas pelo suporte.[28]

Num catalisador Cu/ZnO para a síntese de metanol a partir de CO_2 com uma mistura CO2/H2, o elevado desempenho do catalisador mais ativo e seletivo foi atribuído ao aparecimento preferencial de Cu (1111) e Cu (1000) e à elevada dispersão de Cu.[30] Foram estudados sistemas catalíticos sobre Cu/ZnO/ZrO2 para a hidrogenação direta do CO_2 para formar metanol e o Cu/ZnO/ZrO2 era bem conhecido como um catalisador ativo para a hidrogenação CO/CO2. O catalisador CuZnO dopado com ZrO2 mostrou uma elevada atividade e uma elevada seletividade para a hidrogenação do CO e do CO_2, especialmente para a hidrogenação do CO_2.[31]

Além disso, a zircónia tem sido utilizada como um excelente promotor ou suporte para catalisadores de síntese de metanol, uma vez que a atividade catalítica e a seletividade para o metanol são melhoradas pela dispersão reforçada de cobre com ZrO_2.[32] Na hidrogenação do CO_2 em metanol sobre catalisadores Cu-ZnO/ZrO2, o ZnO promoveu a dispersão e a reatividade do cobre metálico com o oxigénio, enquanto que tanto o suporte de ZnO como o de ZrO2 aumentaram significativamente a adsorção superficial de CO_2. Tanto a hidrogenação do Cu metálico como os sítios básicos do óxido estão relacionados com o papel principal da interface metal/óxido na funcionalidade dos catalisadores Cu-ZnO/ZrO2.[33] Quando ZrO2/SiO2 ou Cu/ZrO2/SiO2 são expostos a H_2/CO_2, o CO_2 adsorvido na superfície de ZrO2 produz espécies de carbonato e bicarbonato que são subsequentemente convertidas em formiato e depois em espécies de metóxido na presença de hidrogénio. O hidrogénio necessário para a formação de metóxido e metanol é fornecido ao ZrO2 através do extravasamento do hidrogénio adsorvido no Cu.[34,35]

Com base no conceito de "pares de Lewis frustrados" (FLPs), o ambiente estérico imposto aos átomos dadores e aceitadores pelos substituintes impede uma forte interação dador-acetor. As combinações ácido/base de Lewis podem ativar o H2 heteroliticamente.[36,37] No estudo de O'Hare e colaboradores, a conversão de CO_2 em metanol foi relatada num processo homogéneo por ativação heterocíclica do hidrogénio e subsequente inserção de CO_2 numa ligação B-H.[38] A reação de H2 com uma mistura equimolar de 2,2,6,6- tetrametilpiperidina (TMP, Me_4C_5NH) e $B(C_6F_5)_3$ foi relatada para dar o sal $[TMPH][HB(C_6F_5)_3]$ (complexo 1). A introdução de CO_2 numa solução do complexo 1 em tolueno a 100 °C produziu o complexo formatoborato único $[TMPH]$-$[HCO_2B(C_6F_5)_3]$ (complexo 2). Finalmente, após a adição de CO_2 a uma mistura 1:1 de $TMP/B(C_6F_5)_3$ sob hidrogénio, verificou-se uma conversão quantitativa em $CH_3OB(C_6F_5)_2$ através do complexo 2 após 6 dias a 160 °C. A destilação em vácuo do solvente (100 °C) levou ao isolamento do metanol com 17 - 25% de rendimento. Através da utilização de um procedimento não mediado por metal baseado em FLP a baixas pressões de 1 - 2 atm, foi demonstrada a hidrogenação selectiva de CO_2 em metanol, concentrando-se no aumento da estabilidade do sistema em relação aos agentes hidroxilo para a função catalítica. [38]

CAPÍTULO 3 CARBENO N-HETEROCÍCLICO E SUA QUÍMICA

1. Introdução de Carbeno

Um carbeno é definido como um composto neutro que contém um átomo de carbono divalente com uma camada de valência de seis electrões. Os carbenos são classificados como singletos ou tripletos. Um arranjo linear, forma hibridizada com sp implica um estado tripleto. No estado tripleto, duas orbitais p mutuamente ortogonais e degeneradas são ocupadas por um único eletrão. Um arranjo dobrado pode ser um estado singleto ou tripleto. Na disposição dobrada, a degenerescência das duas orbitais p é removida e o carbeno adopta uma geometria hibridizada sp^2 .[1] No entanto, o isolamento e a caraterização inequívoca de um carbeno não tinham sido bem sucedidos até estudos pioneiros no final da década de 1980 e início da década de 1990.[2,3]

Os carbenos são geralmente espécies reactivas de vida curta devido ao seu octeto de electrões incompleto e à sua coordenação insaturada.[4] As tentativas de síntese de carbenos isoláveis remontam à primeira metade do século XIX[5] e, finalmente, Arduengo et al. apresentaram um carbeno "engarrafável" em 1991. Sintetizaram o carbeno I, 1,3-di-l-adamantylimidazol-2-ylidene, que formou cristais incolores com estabilidade cinética e termodinâmica suficiente. O carbeno era estável na ausência de oxigénio e humidade. Foi sugerido que a estabilidade eletrónica adicional para o par de electrões do carbeno pode ser obtida a partir dos efeitos de σ-eletronegatividade dos átomos de azoto no centro do carbeno.[6] O carbeno sintetizado tem estabilização estérica e eletrónica. Os factores da estabilização eletrónica incluem uma doação de π para a orbital p fora do plano do carbeno pelo sistema π rico em electrões (N-C=C-N) e um efeito de σ-eletronegatividade. As interações π conduzem a bons contribuintes de ressonância para o carbeno sintetizado.

Em 1968, Wanzlick et al. e Ofele comunicaram separadamente dois complexos metálicos diferentes de carbenos N-heterocíclicos (NHC). Estes complexos foram preparados a partir de sais de imidazólio e de precursores metálicos com uma basicidade suficiente para desprotonar o substrato orgânico.[7,8,9] A preparação de NHCs conduziu a numerosos estudos experimentais e teóricos com vários NHCs. A transformação catalítica com NHCs tem sido objeto de múltiplas aplicações na indústria química. Além disso, a reatividade dos NHCs abriu novas áreas de investigação.[3]

O metanol e o metano são geralmente produzidos através da redução do dióxido de carbono com catalisadores organometálicos. Alguns catalisadores organometálicos, tais como as fosfinas, são muito eficientes em termos de rotações e selectividades. No entanto, estes catalisadores podem ter vários pontos fracos. A preparação de catalisadores organometálicos contendo níquel (Ni), paládio (Pd) ou ródio (Rh) é muito dispendiosa devido à sua raridade na Terra e ao seu potencial impacto nocivo no ambiente. Estes pontos fracos podem ser ultrapassados atualmente pelo domínio dos organocatalisadores que utilizam apenas materiais orgânicos. Os organocatalisadores têm um elevado potencial de utilização futura, uma vez que são relativamente mais seguros e mais fáceis do que os catalisadores organometálicos, ajustando a sua forma de acordo com as condições e os objectivos da reação. Um dos organocatalisadores em mais rápido crescimento são os carbenos N-heterocíclicos (NHC). O NHC é um tipo de carbeno que apresenta uma reatividade superior com outros produtos químicos. Além disso, os NHC podem ser sintetizados através da reação de compostos orgânicos simples. Assim, o processo de fabrico é simples e fácil de produzir em grande escala.[10]

2. Estrutura e propriedades dos NHCs

O crescimento contínuo da química dos carbenos N-heterocíclicos foi constituído por duas realizações científicas principais, ou seja, a primeira utilização por Herrmann e colaboradores de complexos NHC em catálise e a preparação do catalisador de segunda geração de Grubbs, que levou à atribuição do Prémio Nobel da Química de 2005.[11,12,13,14] Os carbenos N-heterocíclicos (NHCs) têm estabilidade química e versatilidade de coordenação devido à forte capacidade de doar σ e à fraca capacidade de aceitar π. A estabilidade química e a versatilidade de coordenação conduzem à coordenação com muitos metais, desde metais alcalino-terrosos a metais de terras raras.[15] Os NHCs designam geralmente espécies heterocíclicas que contêm um carbono carbénico e pelo menos um átomo de azoto na estrutura do anel.[3,17] Existem muitas classes diferentes de compostos de carbeno com vários padrões de substituição, tamanhos de anel e estabilidade de heteroátomos.[3] Em 1995, Hermann também sugeriu que os carbenos derivados do imidazol parecem estabilizar os complexos de Pd^0 e Pd^{II} devido às suas pronunciadas propriedades de dador, dependendo das propriedades especiais dos ligandos dos carbenos N-heterocíclicos.[11]

A estrutura geral dos NHCs (IAd), que foi primeiramente descrita por Anthony J. Arduengo et al. em 1991, é apresentada na [Figura 3-1].[6] Os efeitos electrónicos e estéricos do NHC foram relacionados com a notável estabilidade do centro C^2 do NHC.[3] O IAd é constituído por dois grupos adamantílicos ligados aos átomos de azoto que estabilizam cineticamente as espécies ao desfavorecer estericamente a dimerização para a olefina relevante. No entanto, a estabilização eletrónica proporcionada pelos átomos de azoto é um fator muito mais importante. O IAd tem uma configuração eletrónica de estado fundamental singlete com a orbital molecular mais ocupada (HOMO) e a orbital molecular menos ocupada (LUMO). A HOMO e a LUMO podem ser descritas como um par solitário hibridizado sp^2 e uma orbital p desocupada no carbono C^2 , respetivamente. Esta estrutura de estado fundamental é afetada pelo comprimento das ligações C^2 -N (1,37 Â) e as ligações C^2 -N possuem um carácter parcial de ligação dupla.[17]

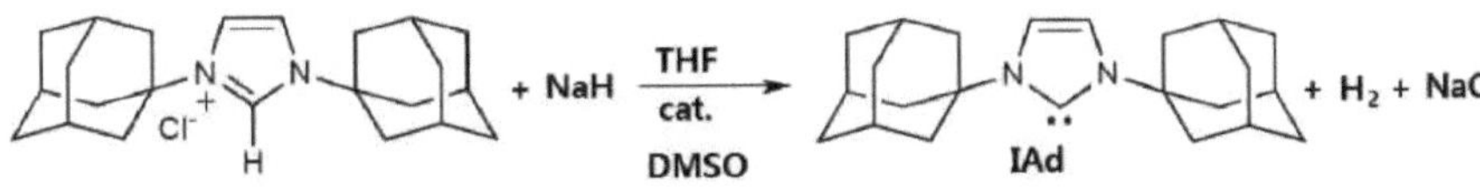

Cl⁻ H + NaH THF cat. DMSO IAd + H_2 + NaCl

THF : Tetrahidrofurano, (CH2)4O

DMSO : Dimetilsulfóxido, (CH3)2SO

IAd : 1,3-di-l-adamantylimidazol-2-ylidene.

[Figura 3-1] Estrutura do IAd (referência 6)

Os NHC têm um maior grau de estabilização devido à sua aromaticidade parcial, mas há muitos carbenos estáveis que não têm aromaticidade, como o 1,3 di(mesityl)imidazolin-2-ylidene, tendo sido demonstrado por Anthony J. Arduengo et al. em 1995 que a insaturação no anel imidazol não é necessária para produzir um carbeno estável substituído por azoto.[3,18] Foi referido que o volume estérico não é um requisito, uma vez que um sal de imidazólio é estável apesar da presença de um grupo fenilo simples no átomo de carbono adjacente ao centro do carboneto.[19] Os NHC contêm heteroátomos alternativos, como o enxofre e o oxigénio, mas os carbenos estáveis estão relacionados com apenas um substituinte de azoto, como se pode ver nos carbenos (alquil)(amino) cíclicos (CAAC). Os (alquil)(amino)carbenos cíclicos comportam-se como fortes doadores de σ para centros de metais de transição.[3,19]

Tem havido um interesse crescente nos chamados carbenos anormais ou mesoiónicos, muitas vezes referidos como aNHCs, em que espécies semelhantes podem ser estabilizadas por apenas um átomo de azoto. Nos carbenos anormais, a ligação ocorre através da posição C^4 ou C^5 em vez da posição C^2 , resultando numa estrutura de carbeno neutra e não zwitteriónica que não pode ser desenhada. Os carbenos anormais apresentam propriedades electrónicas bastante diferentes dos carbenos normais, uma vez que as propriedades de doação de π e de aceitação de σ do segundo átomo de azoto são muito reduzidas. As diferentes propriedades electrónicas conferem naturalmente diferentes propriedades e reatividade aos centros metálicos aos quais os carbenos anormais estão coordenados. Foi referido que a assunção da ligação C^2 nem sempre é segura quando se preparam complexos NHC in situ a partir de sais de imidazólio e de um precursor metálico.[3,20,21,22]

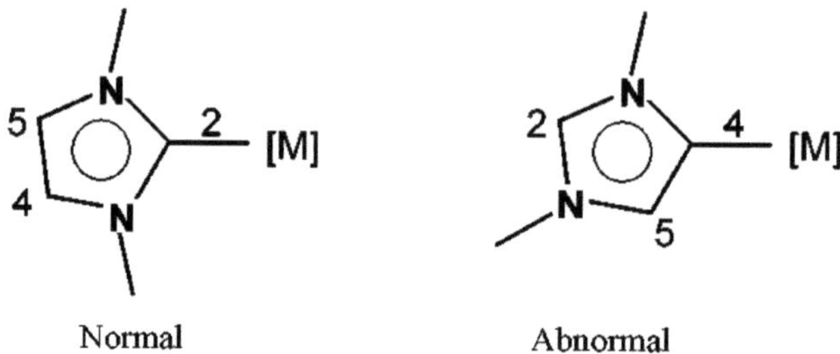

[Figura 3-2] Ligandos de imidazolilideno normais e anormais ligados na posição C^2 e na posição C^4 (referência 22)

Os carbenos, que são compostos por apenas um heteroátomo e não possuem deslocalização através do heterociclo, foram descobertos como ligandos versáteis. Os complexos organometálicos destes ligandos apresentam diferenças distintas em relação aos NHCs mais clássicos. Os NHCs remotos significam que o carbono do carbeno não está situado adjacente a um heteroátomo de azoto, como se mostra na [Figura 3-3]. Alguns NHC remotos sobrepõem-se aos NHC normais ou anómalos. As propriedades do carbeno dependem principalmente do tamanho e do padrão de substituição do heterociclo de azoto.[3,22,23]

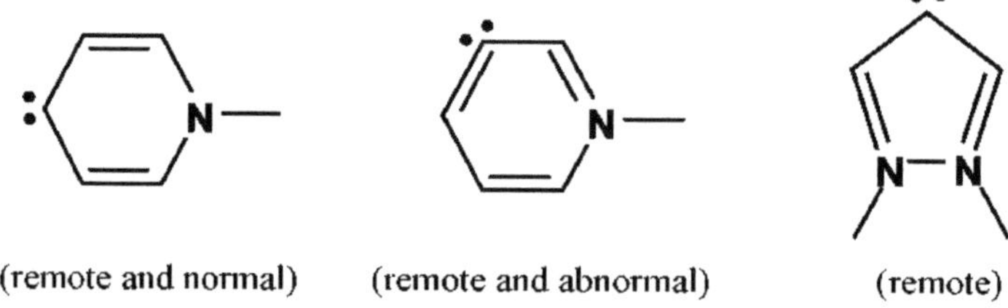

[Figura 3-3] NHCs remotos típicos (referências 22, 23)

A capacidade de doação de electrões dos NHCs abrange uma gama muito estreita em comparação com os ligandos de fosfina. A eletrónica dos NHCs pode ser alterada mudando a natureza do anel azólico. Três tipos de NHCs com diferentes anéis azólicos estão dispostos abaixo por ordem de poder de doação de electrões.[24]

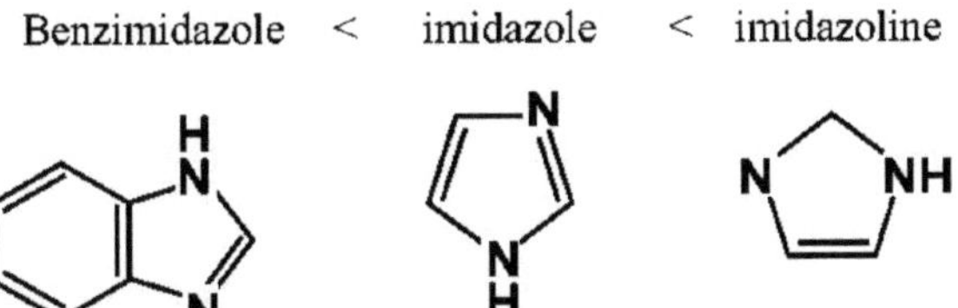

[Figura 3-4] NHCs dispostos por ordem de poder de doação de electrões

(referência 24)

A estrutura eletrónica do estado fundamental dos NHCs está relacionada com a sua reatividade. Em contraste com a electrofilicidade típica da maioria dos carbenos transitórios, o par solitário no plano do anel heterocíclico dos NHCs torna estes compostos nucleofílicos. Esta caraterística permite que os NHCs actuem como dadores de σ e se liguem a uma vasta gama de espécies metálicas e não metálicas.[3]

Uma das principais desvantagens da utilização de NHCs livres em química organometálica é a sensibilidade inerente destas espécies ao ar e à humidade. As rotas sintéticas com carbenos livres têm de ser introduzidas no glovebox e manipuladas no mesmo. A fim de ultrapassar este obstáculo, foram explorados vários precursores estáveis de NHC como equivalentes de NHC na síntese organometálica.[21]

A desprotonação dos precursores do anel heterocíclico é o método mais comummente utilizado para aceder a um NHC livre ou ligado. Além disso, outros métodos de preparação de NHC incluem: i) a redução da tioureia com potássio fundido em THF em ebulição; ii) a pirólise sob vácuo de um composto volátil de NHC (como MeOH, $CHCl_3$, CHF_3, C_6F_5H); e iii) a libertação in situ de NHC a partir de NHC-CO2 ou de NHC-metal (Sn$^{\pi}$, Mg", Zn"). Nos métodos ii) e iii), os adutos NHC-substrato de partida são frequentemente derivados dos sais de azólio correspondentes.[25]

As propriedades estéricas dos NHCs podem ser quantificadas utilizando a percentagem de volume enterrado (%Vbur) e o parâmetro eletrónico de Tolman (TEP) para a eletrónica.[26,27]

□ %Vbur: a percentagem de uma esfera ocupada ou enterrada pelo ligando aquando da coordenação a um metal no centro da esfera.

□ TEP: Parâmetro eletrónico de Tolman, avaliação da capacidade de doação de electrões de um ligando através da medição das frequências de alongamento no infravermelho de ligandos carbonílicos em complexos carbonílicos de metais de transição modelo.

A percentagem de volume enterrado depende principalmente da natureza do ligando e da geometria do complexo ao qual está coordenado. Assim, é muito difícil comparar valores de %Vbur obtidos em diferentes famílias de complexos. O parâmetro eletrónico de Tolman (TEP) é determinado pela preparação e análise do complexo $[Ni(CO)_3(NHC)]$ correspondente. A frequência da vibração A_1 do $[Ni(CO)_3(NHC)]$ é utilizada como medida quantitativa das capacidades de doação de electrões. No entanto, o complexo necessário leva à reação do carbeno livre com o $[Ni(CO)_4]$ volátil, pirofórico e altamente tóxico.[21]

3. NHCs como ligandos para metais de transição

O primeiro complexo NHC-metal é o imidazol-2-ilideno contendo crómio (0) e mercúrio (II) preparado por Wanzlick e Ofele, respetivamente, em 1968.[3,7,] 8 A principal aplicação dos NHCs é a utilização como ligandos para centros de metais de transição através da coordenação com um par de electrões solitários.[3,21] A principal aplicação dos NHCs coordenados a metais de transição pode ser resumida da seguinte forma:[3]

- Materiais organometálicos (estruturas metal-orgânicas, polímeros de coordenação, cristais líquidos, materiais fotoactivos)
- Catalisadores homogéneos (metatese de olefinas, acoplamento cruzado, catalisadores assimétricos)
- Coordenação com superfícies
- Produtos metalo-farmacêuticos

A natureza da ligação nos NHCs tem sido estudada de várias formas e foi objeto de revisões por Diez-Gonzâlez e Nolan, e Cavallo e colaboradores em 2007 e 2009, respetivamente.[28,29] Foi relatado que três tipos de ligação são significativos na ligação metal-ligante, ou seja, σ-doação do par solitário para o orbital, π-doação e π-ligação entre o sistema π localizado no NHC e os orbitais d_{xz} (ou d_{yz}).[21] Entre os três tipos de ligação, a doação σ é o componente mais importante, mas a contribuição tanto da ligação π como da doação π pode não ser desprezível.[3]

As várias contribuições das ligações σ- e π são função da configuração eletrónica do centro metálico e dependem também da estrutura dos ligandos NHC. De acordo com o estudo de Bertrand e colaboradores, a colocação de um dos dois átomos de azoto de um NHC numa posição de cabeça de ponte aumenta consideravelmente o carácter electrofílico do centro carbénico, sem diminuir a sua nucleofilicidade. Teoricamente, um dos átomos de azoto foi confinado numa orientação e a deslocalização de π para a orbital p vazia foi restringida para o ligando NHC. Por conseguinte, o carbeno é estabilizado pelos efeitos σ-indutivos de retirada de dois átomos de azoto, mas apenas aceita a densidade de electrões π de um, resultando no facto de o novo ligando ser nucleófilo e σ-doador. 3[21,0]

Os ligandos NHC e fosfina podem ligar-se a centros metálicos de uma forma algo semelhante, ou seja, as propriedades de forte dador σ e de aceitador π comparativamente fracas. Por conseguinte, os ligandos NHC e fosfina foram inicialmente considerados como mímicos ou análogos em termos de química de coordenação de metais de transição. No entanto, as propriedades destas duas classes de ligandos são bastante diferentes, incluindo a reatividade catalítica.[3,21,31]

Em comparação com as fosfinas, os NHC são, em geral, mais doadores de electrões, o que conduz a ligações metal-ligante mais fortes do ponto de vista termodinâmico e a comprimentos de ligação metal-ligante mais curtos para os complexos NHC.[3] Os NHC apresentam geralmente uma maior estabilidade térmica e oxidativa nos seus complexos metálicos do que as fosfinas correspondentes, devido à menor labilidade do ligando dos NHC.[32] Os NHCs são alegadamente mais estáveis do ponto de vista oxidativo do que as fosfinas livres, embora o carbeno livre seja mais sensível do ponto de vista hidrolítico do que as fosfinas, o que sugere que a química da oxidação pode ser outro domínio em que os complexos NHC terão um desempenho superior ao dos catalisadores ligados a fosfinas.[33] As propriedades estéricas dos NHCs são também altamente anisotrópicas e o NHC pode rodar em torno da ligação metal-carbeno, minimizando o choque estérico com outros ligandos. Tal como para as fosfinas, as alterações dos substituintes do fósforo afectam as propriedades estéricas e electrónicas. No entanto, os NHC são mais independentes na variação de cada parâmetro com a modificação dos substituintes do azoto, da funcionalidade da espinha dorsal e da classe do heterociclo.[3]

Como ligando espetador na catálise homogénea, a simplicidade operacional e a versatilidade da síntese de NHC é também um importante fator de sucesso. Para gerar um ambiente quiral rígido e bem definido no centro catalítico do metal ativo, as propriedades estéricas anisotrópicas inerentes aos NHC devem ser ultrapassadas restringindo o efeito de rotação em torno das ligações metal-carbeno e/ou carbono-nitrogénio. Uma das abordagens bem sucedidas é a utilização de NHCs C^2 -simétricos, em que a rotação dos substituintes de azoto é restringida por repulsão estérica através dos substituintes da espinha dorsal. Um método alternativo utiliza ligandos NHC que contêm uma porção de coordenação adicional que pode quelatar o centro metálico para fixar o ambiente quiral.[3] Alguns investigadores utilizaram o conceito para a hidrogenação homogénea assimétrica. Burgess e colaboradores prepararam catalisadores de hidrogenação de olefinas de irídio com NHCs quelantes em 2001. Os complexos quirais de imidazolilidina induziram elevadas enantioselectividades em hidrogenações catalíticas de aril-alcenos.[34] Outro estudo foi relatado por Pfaltz e colaboradores que a substituição do grupo fosfinito em complexos de irídio baseados em piridina por uma unidade NHC levou a catalisadores de hidrogenação eficientes e altamente enantioselectivos. Os novos ligandos NHC-piridina podem também ser úteis para outras aplicações em catálise assimétrica.[35] Além disso, um complexo de ruténio estabilizado por dois ligandos quirais imidazolina-2-ilideno foi descrito por

Glorius e colaboradores como um excelente catalisador para a hidrogenação assimétrica de vários heteroarenos. Aplicaram com êxito um complexo NHC de ruténio quiral na hidrogenação de alto rendimento, regiosselectiva e altamente assimétrica de benzofuranos substituídos.[36]

As fortes propriedades doadoras de σ dos NHCs, que são atraentes para a ligação aos respectivos centros metálicos em complexos, são igualmente benéficas para a coordenação a materiais metálicos heterogéneos.[3] Em 2010, Glorius e colaboradores relataram a combinação de catálise assimétrica e heterogénea de metal de transição NHC que foi preparada com imidazolina-2-ilideno aciral como um modificador para nanopartículas de paládio suportadas em Fe_3O_4. De acordo com o seu estudo, verificou-se a formação de nanopartículas de paládio em magnetite (Fe_3O_4) e a subsequente modificação da superfície das nanopartículas bimetálicas resultantes por NHCs quirais, enantiomericamente puros, que foram aplicados com sucesso na catálise heterogénea assimétrica.[37] Em 2011, Chaudret e colaboradores relataram a estabilização de nanopartículas de ruténio na ausência de um suporte, utilizando os ligandos imidazol-2-ilideno IPr (imidazolilideno em que R é 2,6-(iso-propil)$_2C_6H_3$) e ItBu (imidazolilideno em que R é tert-butil). No estudo, foi demonstrada a força da ligação NHC-metal e o potencial destes ligandos como estabilizadores de nanopartículas. Como resultado dos estudos de ressonância magnética nuclear de^{13} C, confirmou-se que a coordenação à superfície do ruténio ocorreu através do carbono carbénico (C^2) e que os NHCs preferiram os locais de extremidade numa estrutura de nanopartículas hexagonais de empacotamento fechado.[38]

O potencial de ligação dos NHC a superfícies heterogéneas de metais de transição foi estudado por Johnson e colaboradores.[39] Foram preparadas monocamadas de NHCs imidazolin-2-ilideno numa superfície de ouro revestida numa bolacha de silício. A imobilização subsequente de um complexo NHC-ruténio(II) através de metátese cruzada com o substituinte alceno produziu um material funcional suscetível de reação posterior com o substrato ROMP (polimerização por metátese de abertura de anel), resultando numa superfície funcionalizada com uma escova de polímero. Estes resultados permitirão a utilização de NHCs endereçáveis e outros carbenos estáveis como âncoras gerais de superfície.

4. Conversão de CO_2 em metanol com NHCs

Os actuais combustíveis líquidos, como a gasolina e o gasóleo, são adequados para o armazenamento de energia, com exceção das emissões de gases com efeito de estufa. Assim, se o CO_2 capturado for efetivamente reutilizado para produzir combustíveis líquidos, como o metanol, utilizando energia solar renovável, é uma das opções mais preferíveis para desenvolver vectores energéticos eficazes que permitam uma transição suave e rápida para um futuro energético mais sustentável.[40,41] Muitos estudos têm sido dedicados à incorporação de CO_2 em produtos químicos valiosos, como carbonatos, policarbonatos, ácidos carboxílicos e metanol.[42-49]

Os sais de imidazólio (IMSs) são conhecidos como líquidos iónicos à temperatura ambiente que podem ser utilizados como solventes devido à sua baixa pressão de vapor e grande estabilidade química.[50] Os IMSs são também conhecidos como precursores de carbenos estáveis ou bisimidazolidina com muitas aplicações em síntese orgânica.[10,28,32,50-53] Amyes e colaboradores registaram o ácido carbónico pK_a (21,2 - 23,8) de uma série de catiões imidazólio em soluções aquosas. Verificaram-se efeitos de substituintes na estabilidade termodinâmica dos carbenos N-heterocíclicos relativamente a uma variedade de derivados neutros e catiónicos, pelo que a escolha da reação de referência é importante para avaliar corretamente a estabilidade dos carbenos N-heterocíclicos.[51,54]

Os NHCs têm sido bem conhecidos como organocatalisadores e ligandos em síntese orgânica. As reacções catalisadas por organocatálise são uma alternativa atraente aos processos catalisados por metais, devido ao seu custo mais baixo e ao impacto ambiental benigno em comparação com a catálise organometálica.[53,55] Foi referido que os carbenos N-heterocíclicos livres foram convertidos nos respectivos carboxilatos de imidazolilideno através da introdução de CO_2 e que a formação de carboxilatos de imidazólio é reversível.[56]

Nas reacções umpolung catalisadas por NHC, a utilização de aldeídos funcionalizados como substratos dadores abriu novas vias mecanísticas e proporcionou novas estratégias sintéticas. O umpolung pode ser alargado pela utilização de outros substratos dadores funcionalizados que conduzem à formação subsequente de uma espécie de acilazólio, ou seja, carboxilatos activados.[57,58]

Os ácidos carboxílicos são compostos importantes do ponto de vista medicinal e um sintetizador na síntese orgânica. Se o CO_2 for utilizado como eletrófilo, a carboxilação direta de nucleófilos de carbono é o método mais atrativo para a síntese de ácidos carboxílicos. A vantagem deste método é o facto de se evitarem condições difíceis, utilizando o CO_2 como fonte sustentável.[57,59] No entanto, a aplicação de carboxilatos em química orgânica tem sido limitada devido a condições secas e sem ar. Os carboxilatos de imidazólio estáveis ao ar e à humidade foram explorados como precursores para a formação de complexos NHC-metal. Foi relatado que os imidazolium-2-carboxilatos \, V-dissubstituídos, que são estáveis no ar e na umidade, podem transferir NHCs para uma variedade de sais metálicos com liberação de CO_2.[60] As condições de descarboxilação relativamente suaves foram também utilizadas na síntese de líquidos iónicos sem halogéneos que têm várias aplicações em catálise. Na presença de catiões de sódio e potássio como promotores de uma reação de transcarboxilação, observa-se uma transferência fácil da porção de CO_2 para o substrato orgânico para produzir eficazmente aniões monometil carbonato e benzoilacetato, respetivamente.[61] A organocatálise mediada por NHC inclui a formação de intermediários covalentes e activos devido à sua adição a ligações C=O como passo chave, resultando na incorporação nucleofílica do grupo funcional carbonilo. O dador σ dos NHCs também foi aplicado à captura de CO_2, e os imidazolium-2-carboxilatos resultantes são os adutos típicos NHC-CO2. Os NHCs e os aductos NHC-CO2 servem como potentes organocatalisadores que fornecem métodos para a síntese de carbonatos sem solventes.[62]

Muitos estudos têm sido dedicados à hidrossililação de compostos carbonílicos. A hidrosililação é a adição catalítica de hidretos de silício orgânicos e inorgânicos a ligações múltiplas. Em ligações duplas ou triplas entre carbonos, a hidrossililação é eficaz para a formação de compostos de organossilício. A hidrossililação tem sido aplicada na síntese de silanos organofuncionais.[63,64] A redução catalítica de CO_2 com hidrossilano é uma reação exotérmica que pode proporcionar a utilização de CO_2.[55]

Na hidrogenação do CO_2 em hidrocarbonetos, os metais de transição e os catalisadores de óxidos metálicos têm sido geralmente utilizados a alta pressão e a altas temperaturas.[47,49,59] No entanto, a hidrossililação catalítica do CO_2 com catalisadores organometálicos é normalmente efectuada em condições relativamente suaves.[57] No estudo realizado por Koinuma e colaboradores em 1981, foi referido que as reacções de dióxido de carbono com hidrosilanos podem ser hidrosiladas utilizando complexos de ruténio e paládio como catalisadores.[65] No estudo efectuado por Eisenschmid e Eisenberg em 1989, foi demonstrado que o CO_2 pode ser reduzido em condições muito suaves ao nível de metóxido por alquilsilanos utilizando o complexo de irídio, Ir(CN)(CO)1,2-bis(di-fenilfosfino)etano. A redução está relacionada com a redução de CO_2 a metanol por H2, sendo que a hidrólise das misturas finais da reação produz siloxanos e metanol. Os silanos servem como agente redutor e aceitador de átomos de oxigénio, produzindo ligações Si-O.[66]

Tem havido estudos sobre hidrossililação catalisada homogénea de dióxido de carbono. Foi demonstrado que $RuCl_3 \cdot nH_2O$ em MeCN catalisa a hidrossililação de dióxido de carbono com $n\text{-}Hex_3SiH$ em $n\text{-}Hex_3SiOOCH$ e, com Me_2PhSiH, em $Me_2PhSiOOCH$, respetivamente. Para a hidrosililação do dióxido de carbono, os nitrilos mostraram ser os solventes preferidos.[67,68] Matsuo e Kawaguchi relataram que o CO_2 é cataliticamente convertido em metano e siloxanos através de bis(silil)acetais com uma mistura de um complexo de fenóxido de benzilo de zircónio e tris(pentafluorofenil)-borano ($B(C_6F_5)_3$). A escolha adequada do hidrosilano está relacionada com a formação selectiva do produto acetal inicial e com o isolamento de materiais de polissiloxano. A redução catalítica de CO_2 a CH4 pode efetuar-se em condições moderadas.[69]

Com base no estudo de 2007, Hofmann e colaboradores relataram a hidrossililação de CO_2 catalisada por complexos de ruténio-acetonitrilo, mer-[$RuX_3(MeCN)_3$] e cis/trans-[$RuX_2(MeCN)_4$] com X=Br, Cl. O estado do ruténio e a natureza do halogeneto nos pré-catalisadores afectaram a atividade catalítica na conversão de Me_2PhSiH no formoxisilano $Me_2PhSiOCHO$. Foi referido que os complexos mistos de nitrilo/halogeneto de ruténio são a melhor escolha como catalisadores para a conversão de CO_2 em formoxisilanos por hidrossililação.[70]

No estudo de Ying e colaboradores, foi introduzido um novo método para o catalisador orgânico, sintetizando uma rede covalente microporosa funcional com NHC. O poliisocianurato produzido tem uma estrutura funcional rígida do tipo ureia, uma área de superfície elevada e uma estrutura microporosa permanente. O poliisocianurato é excelente no suporte de complexos metálicos e partículas metálicas, e tem uma elevada capacidade de absorção de fenol em água.[71] Além disso, Ying e colaboradores desenvolveram a hidrossililação de CO_2 catalisada por organocatalisador em 2009, ou seja, a redução catalítica de CO_2 a metanol por carbenos N-heterocíclicos (NHCs) com hidrossilano como agente redutor e fonte de hidrogénio. A reação pode ser conduzida à temperatura ambiente e à pressão ambiente. Em comparação com os catalisadores de metais de transição, os NHCs apresentam uma eficiência superior e condições de reação mais flexíveis. A redução catalítica de CO_2 por NHCs oferece um protocolo muito promissor para a ativação e fixação química de CO_2.[55] A via de reação para a conversão de CO_2 em metanol com silano envolve uma série de reacções em três etapas, como se segue.

□ Passo 1:

O NHC catalisa a hidrossililação do CO_2 para formar um produto formoxisilano.

□ Passo 2:

O intermediário formoxisilano é ativado pelo NHC e reduzido pelo silano para formar um intermediário sililacetal (Si-O-CH_2-O-Si).

□ Etapa 3 :

O intermediário sililacetal é ainda reduzido por silano adicional para formar sililmetoxido (Si-OMe).

O metanol é produzido como resultado da hidrólise do sililmetoxido e o NHC desempenha um papel fundamental como organocatalisador nucleofílico em todas as reacções de três etapas.[57]

Existem vários estudos sobre a síntese e aplicações de materiais poliméricos NHC de cadeia principal como organocatalisadores auto-suportados. Em 2010, Buchmeiser e Pawara relataram que um carbeno N-heterocíclico protegido por CO_2 e suportado por polímero foi sintetizado com sucesso através da copolimerização por metátese de abertura de anel de um NHC protegido por CO_2 contendo monómero e o reticulador. O catalisador NHC ligado à resina é um catalisador altamente eficiente na cianossililação de compostos carbonílicos e na ciclotrimerização de isocianatos.[72] De acordo com o estudo de Cowley e colaboradores, um polímero com NHCs posicionados ortogonalmente ao longo de uma cadeia principal tem actividades catalíticas mais elevadas em comparação com análogos monoméricos.[73] Kaskel e colaboradores relataram a imobilização bem sucedida de um ligante de imidazólio bifuncional em materiais de estrutura orgânica de elementos altamente reticulados por acoplamento Suzuki com ligantes de ácido borónico tetrafuncionais. Os materiais porosos resultantes são bons organocatalisadores heterogéneos numa reação de teste organocatalítico com resultados semelhantes aos das espécies moleculares em catálise homogénea, mas com a capacidade de reciclagem do catalisador.[74]

Com base na conversão de dióxido de carbono em metanol com silanos sobre catalisadores de carbeno N-heterocíclico (NHC),[55,57] Ying e colaboradores também efectuaram uma investigação sobre a utilidade de materiais sólidos de carbeno poli-N-heterocíclico (NHC) como organocatalisadores para a redução do dióxido de carbono. Foi relatado que o poli-NHC é excelente como material de suporte para catálise organometálica e como organocatalisador sólido. Assim, o poli-NHC é útil como organocatalisador heterogéneo para a redução do dióxido de carbono a metanol e para a formilação de ligações N-H com hidrosilanos como dador de hidretos.[75]

CAPÍTULO 4 VERIFICAÇÃO DO MECANISMO PERTINENTE

1. Materiais e métodos

Segue-se o esquema do mecanismo para as reacções relevantes. Cada número é atribuído a cada intermediário ou produto nas reacções relevantes para os distinguir facilmente.

1st Step R'–N-heterocyclic carbene (N-R') + CO_2 → Intermediate 1

2nd Step Intermediate 1 + $R-SiH_2-R$ (R–Si(H)(H)–R) → carbene + $H-C(=O)-OSiHR_2$ (Intermediate 2)

$H-C(=O)-OSiHR_2$ (Intermediate 2) + R–Si(H)(H)–R → $R_2HSiO-CH_2-OSiHR_2$ (Intermediate 3)

$R_2HSiO-CH_2-OSiHR_2$ (Intermediate 3) + R–Si(H)(H)–R → $R_2HSiO-SiHR_2$ (Intermediate 4) + $H_3C-OSiHR_2$ (Intermediate 5)

3rd Step $H_3C-OSiHR_2$ (Intermediate 5) + H_2O $\xrightarrow{NaOH}$ CH_3OH + $HOSiHR_2$ (Intermediate 6)

1.1. Produtos químicos

- Cloreto de 1-etil-3-metil-imidazólio
- Hidreto de sódio (com óleo mineral, concentração de 60%)
- N, N-dimetilformamida
- Difenilsilano
- Ácido sulfúrico
- Carbonato de sódio
- Hidróxido de sódio

Foram utilizados todos os graus de reagente para os produtos químicos acima referidos.

1.2. Procedimentos

1.2.1. Síntese de NHC

Tal como descrito no mecanismo acima, o carbeno N-heterocíclico (NHC) desempenha um papel fundamental como catalisador na reação. Assim, a síntese de um NHC de bom desempenho é um passo muito importante. Para sintetizar o catalisador NHC, utilizámos hidreto de sódio (NaH). O anião hidreto da base forte (NaH) reduziu o cloreto de 1-etil-3-metil-imidazólio doando o eletrão e produziu catalisadores NHC altamente reactivos ([Figura 4-1]).

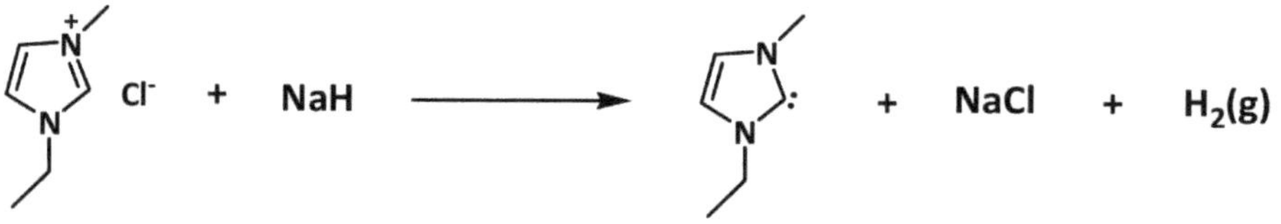

$$\text{[1-etil-3-metil-imidazólio]}^+\ Cl^- + NaH \longrightarrow \text{NHC} + NaCl + H_2(g)$$

[Figura 4-1] Síntese do carbeno N-heterocíclico

O hidreto de sódio foi mantido em óleo mineral com uma concentração de 60%, uma vez que o hidreto de sódio é muito reativo e pode reagir com o vapor de água no ar. No entanto, o óleo mineral não está envolvido na reação como impureza. Neste sentido, tivemos de remover o óleo mineral do hidreto de sódio antes de avançarmos para a etapa seguinte. Assim, 0,08 g de hidreto de sódio e 10 mL de solvente dimetil formamida (DMF) foram colocados num frasco limpo. A solução de hidreto de sódio - DMF no frasco selado foi agitada durante vários minutos no agitador magnético. Em seguida, a mistura de hidreto de sódio e DMF é centrifugada, uma vez que apenas o óleo mineral se dissolve no DMF. A solução de DMF tornou-se opaca e o hidreto de sódio limpo foi depositado no fundo do frasco. Em seguida, a solução de óleo mineral DMF foi retirada cuidadosamente do frasco. Para remover com segurança o óleo mineral, o mesmo processo de limpeza foi repetido 2 a 3 vezes. Depois de terminado o processo de limpeza, foram colocados no frasco 0,273 g de cloreto de 1-etil-3-metil-imidazólio e 1,5 mL de DMF, respetivamente, e selados. Subsequentemente, a solução no frasco foi agitada no agitador magnético durante 1 hora à temperatura ambiente para assegurar a reação ([Figura 4-1])

1.2.2. Produção de CO_2

Para gerar dióxido de carbono, foram utilizados ácido sulfúrico concentrado (H_2SO_4) e carbonato de sódio (Na_2CO_3). A reação para a produção de dióxido de carbono é a seguinte

$$Na_2CO_3(s) + H_2SO_4(aq) \rightarrow Na_2SO_4(aq) + CO_2(g) + H_2O(g) \qquad (4\text{-}1)$$

Coloca-se o carbonato de sódio num balão de fundo redondo com dois gargalos. Um dos gargalos do balão de fundo redondo foi ligado a um funil de decantação cheio de ácido sulfúrico concentrado e o outro gargalo foi ligado a um tubo em U cheio de cloreto de cálcio e a um balão de borracha. A figura seguinte apresenta o esquema experimental para a produção de dióxido de carbono ([Figura 4-2]).

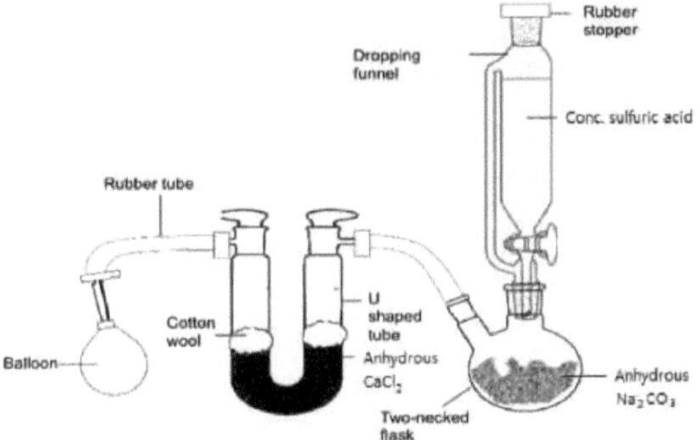

[Figura 4-2] Instalação experimental para a produção de dióxido de carbono

Deita-se lentamente ácido sulfúrico no balão de fundo redondo e agita-se lentamente a mistura de ácido sulfúrico e carbonato de sódio. Os gases produzidos pela reação do carbonato de sódio e do ácido sulfúrico passaram através de um tubo em forma de U cheio de cloreto de cálcio. Como se pode ver na equação da reação (4-1), o produto gasoso contém também vapor de água, mas só precisamos de gás dióxido de carbono puro, sem o vapor de água. Assim, utilizámos cloreto de cálcio no tubo em U para remover o vapor de água, uma vez que actua como agente desumidificador devido à sua propriedade higroscópica. O vapor de água removido do dióxido de carbono puro foi recolhido para o balão de borracha. Nesta etapa, selámos completamente a parte de ligação de cada equipamento para nos certificarmos de que o dióxido de carbono gerado não vazava.

1.2.3. Reação de NHC com CO_2

Depois de termos recolhido o dióxido de carbono no balão de borracha, ligámos a parte superior do frasco com NHC, descrito no ponto 1.2.1 "Síntese do NHC", ao balão cheio de dióxido de carbono. O frasco foi colocado num agitador magnético enquanto se agitava lentamente durante 5 horas para a reação do NHC com o dióxido de carbono à temperatura ambiente ([Figura 4-3]).

+ CO_2 →

Intermediate 1

[Figura 4-3] Reação do NHC com dióxido de carbono

1.2.4. Reação com difenilsilano

Após a introdução de 1 mL de difenilsilano (H-SiHPh2) no frasco, o balão de dióxido de carbono foi novamente ligado à parte superior do frasco. O frasco foi agitado durante 18 horas no agitador magnético à temperatura ambiente para assegurar a reação ([Figura 4-4]). Durante a reação com difenilsilano (H-SiHPh2), a amostra para análise foi retirada de 1 em 1 hora. A amostra foi analisada através de dois métodos, ou seja,[1] H-NMR spectroscopy and GC-MS. Para a espetroscopia NMR, a amostra é diluída com clorofórmio-d (CDCl3), que é utilizado como solvente NMR. Para a análise GC-MS, a amostra foi 10 vezes diluída com diclorometano (CH2Cl2).

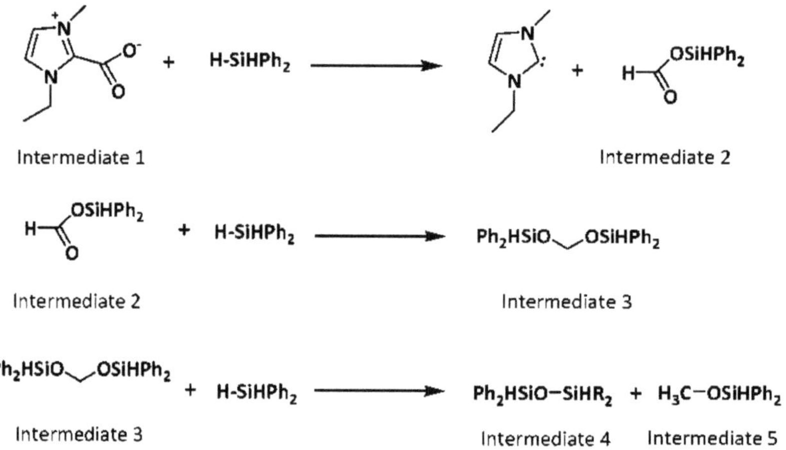

Intermediate 1 + $H\text{-}SiHPh_2$ ⟶ NHC + $H\text{-}C(=O)\text{-}OSiHPh_2$ (Intermediate 2)

Intermediate 2 ($H\text{-}C(=O)\text{-}OSiHPh_2$) + $H\text{-}SiHPh_2$ ⟶ $Ph_2HSiO\text{-}CH_2\text{-}OSiHPh_2$ (Intermediate 3)

$Ph_2HSiO\text{-}CH_2\text{-}OSiHPh_2$ (Intermediate 3) + $H\text{-}SiHPh_2$ ⟶ $Ph_2HSiO\text{-}SiHR_2$ (Intermediate 4) + $H_3C\text{-}OSiHPh_2$ (Intermediate 5)

[Figura 4-4] Três etapas de reação após a adição de difenilsilano

1.2.5. Hidrólise

Para produzir metanol, em última análise, a mistura, ou seja, o Intermediário 5 na [Figura 4-4], H3C-OSiPh2 deve ser hidrolisada adequadamente através da reação como mostrado na [Figura 4-5].

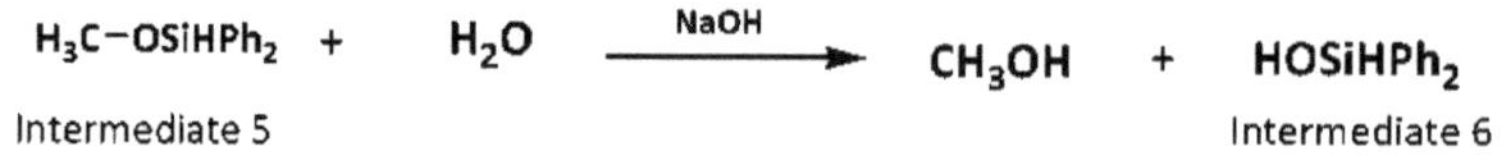

$$H_3C\text{-}OSiHPh_2 \text{ (Intermediate 5)} + H_2O \xrightarrow{NaOH} CH_3OH + HOSiHPh_2 \text{ (Intermediate 6)}$$

[Figura 4-5] Hidrólise da substância intermédia 5

O frasco foi colocado num banho de água e coberto com uma tampa de borracha. A seringa cheia de CaCl2 para desumidificação é inserida no topo do frasco, como se mostra na [Figura 4-6].

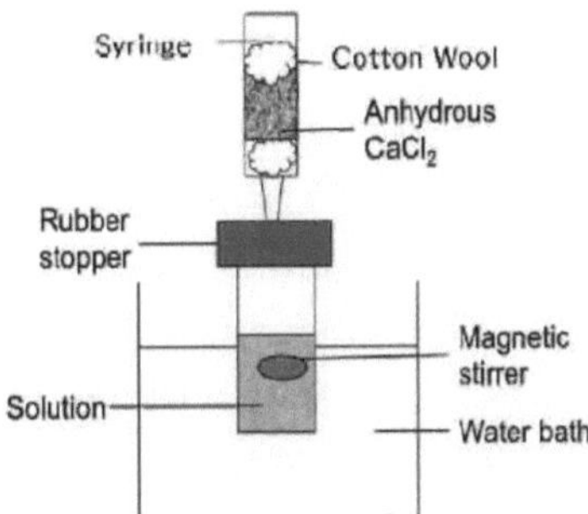

[Figura 4-6] Esquema experimental para a hidrólise

Subsequentemente, 1 mL da amostra da mistura foi retirado 1 hora após a adição de 2 equivalentes de solução de $NaOH/H_2O$ no frasco, o que foi efectuado de 1 em 1 hora. A amostra foi diluída com diclorometano para a análise por GC para identificar a existência de metanol.

2. Resultados

Utilizámos a espetroscopia de Ressonância Magnética Nuclear (RMN) para analisar os produtos intermédios e os produtos. Durante a reação com difenilsilano ([Figura 44]), a amostra foi recolhida após 1 hora e 12 horas para análise por espetroscopia de RMN. Os dados relativos à amostra de 1 hora e de 12 horas são apresentados na [Figura 4-7] e na [Figura 4-8], respetivamente.

Os picos maiores a cerca de $\delta = 3$ ppm e 8 ppm são os picos do DMF (solvente) e o pico a cerca de $\delta = 5$ ppm é o pico do difenilsilano, ou seja, um dos reagentes. É interessante notar que, com base nos dados da espetroscopia de RMN, existem alguns picos adicionais nas regiões assinaladas com círculos. Além disso, a intensidade do pico adicional foi alterada entre 1 hora e 12 horas. Assim, postulamos que a variação da concentração dos intermediários ocorreu durante a reação.

Além disso, também utilizámos o cromatógrafo a gás - espetrómetro de massa (GC-MS) para analisar as amostras, a fim de obter mais informações. Do mesmo modo, selecionámos várias amostras (1 hora, 4 horas, 12 horas após a reação com difenilsilano e uma amostra após a reação de hidrólise completa, ou seja, 4 amostras) das amostras recolhidas para analisar durante a reação com difenilsilano ([Figura 4-4]).

Comparando o tempo de retenção com o peso molecular do ião molecular, foi possível confirmar a existência de intermediários específicos.

Os dados de GC para a amostra de 1 hora são apresentados na [Figura 4-9]. Existe um grande pico no tempo de retenção de 9,0 minutos. Além disso, a espetrometria de massa para o tempo de retenção de 9,0 minutos do cromatograma de gás é demonstrada na [Figura 4-10]. Um pico com peso molecular por carga (m/z) 198 corresponde a um ião molecular ([Figura 4-10]) que é uma fração da substância intermédia 2 apresentada na [Figura 4-4]. Assim, é claramente evidente que a substância intermédia 2 existe na amostra.

Analisámos a amostra de 4 horas com GC-MS e o resultado é apresentado na [Figura 4-11], [Figura 4-12] e [Figura 4-13]. No cromatograma de gás, como mostrado na [Figura 4-11], há dois novos picos no tempo de retenção de 9,6 minutos e 12,5 minutos. A espetrometria de massa para o tempo de retenção de 9,6 minutos do cromatograma gasoso é apresentada na [Figura 4-12]. É interessante verificar que existe um pico do Intermediário 6 (200 m/z) [Figura 4-12], que é o produto final da hidrólise em [Figura 4-5]. Esta reação é possível se o DMF absorver água, pelo que se presume que uma parte da substância intermédia 6 é hidrolisada com a água para produzir a substância intermédia 6. A espetrometria de massa para o tempo de retenção de 12,5 minutos do cromatograma gasoso é apresentada na [Figura 4-13]. Como esperado, existe um pico a 382 m/z, que corresponde à substância intermédia 4.

A amostra de 12 horas também é analisada e os dados relevantes são apresentados na [Figura 4-14] e [Figura 4-15]. Existe um pico no tempo de retenção de 9,1 minutos no cromatograma de gás em [Figura 4-14]. A espetrometria de massa para o tempo de retenção de 9,1 minutos no cromatograma de gás é demonstrada na [Figura 4-15]. Existe um pico a 213,9 m/z, que corresponde ao Intermediário 5. Por conseguinte, concluímos que foi produzido o produto intermédio 5.

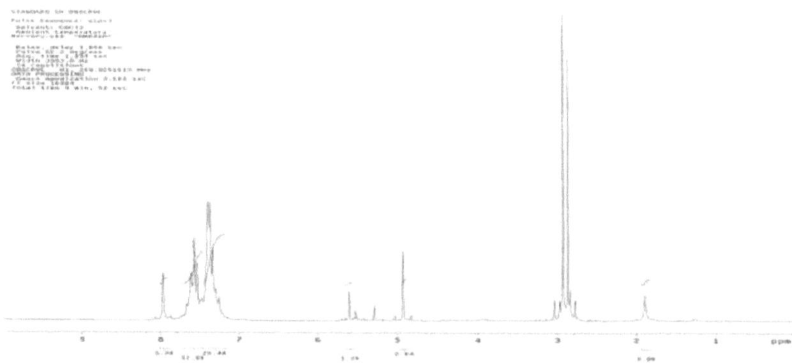

[Figura 4-7] Espectroscopia NMR para amostra de 1 hora

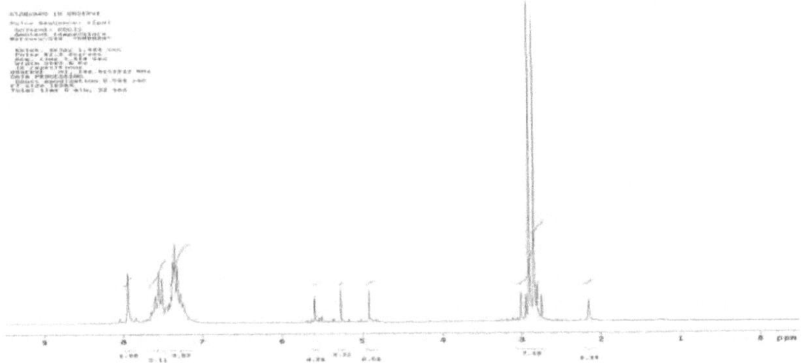

[Figura 4-8] Espectroscopia NMR para amostra de 12 horas

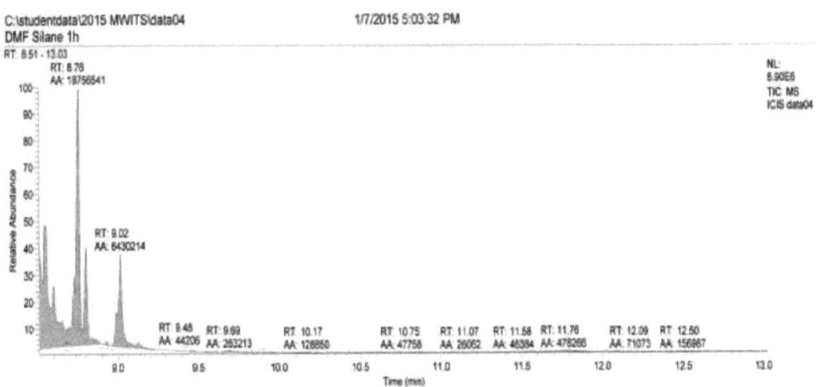

[Figura 4-9] Cromatograma de gás para uma amostra de 1 hora

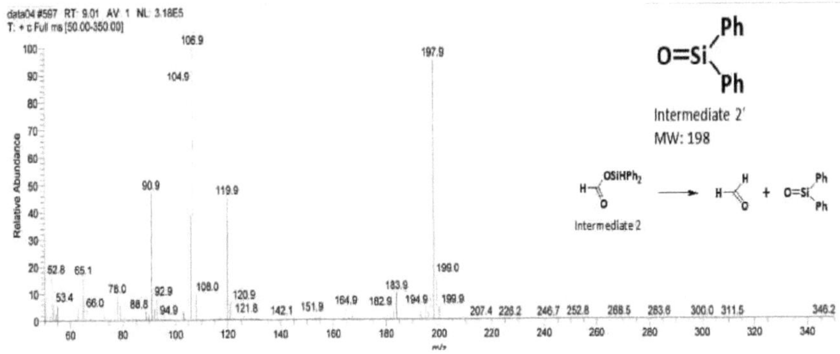

[Figura 4-10] Espectrometria de massa para uma amostra de 1 hora com RT = 9,0

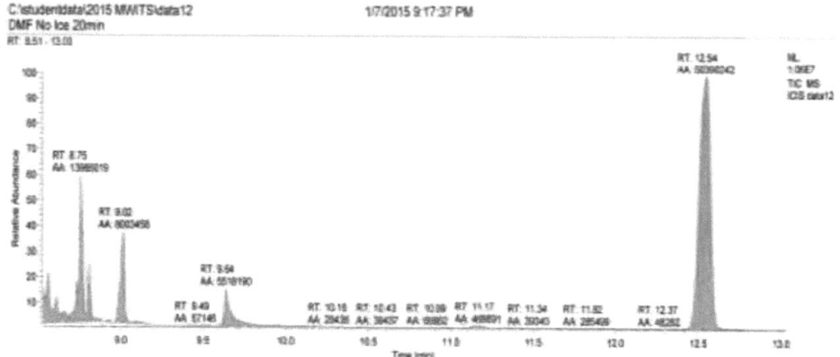

[Figura 4-11] Cromatograma de gás para uma amostra de 4 horas

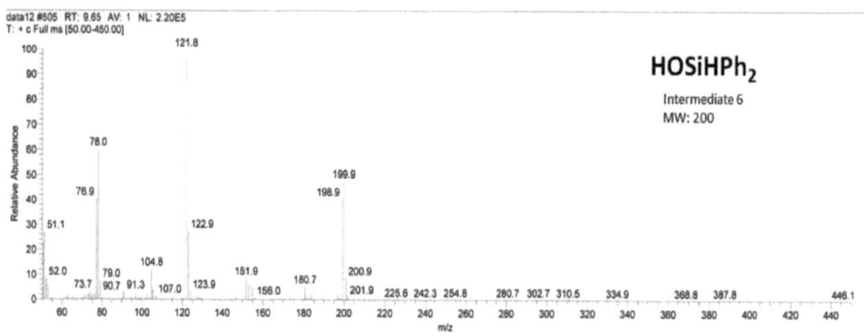

[Figura 4-12] Espectrometria de massa para uma amostra de 4 horas com RT = 9,6

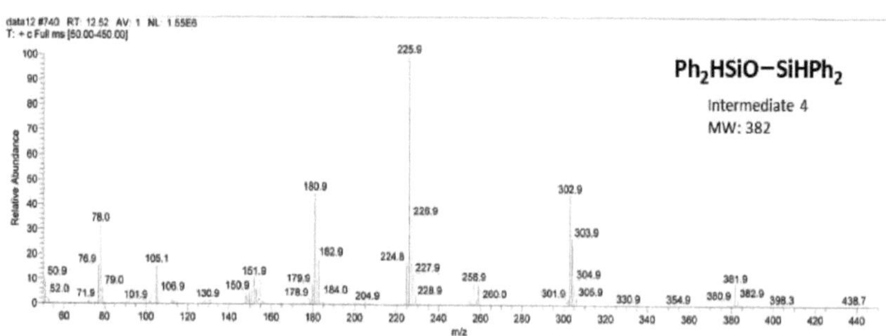

[Figura 4-13] Espectrometria de massa para uma amostra de 4 horas com RT = 12,5

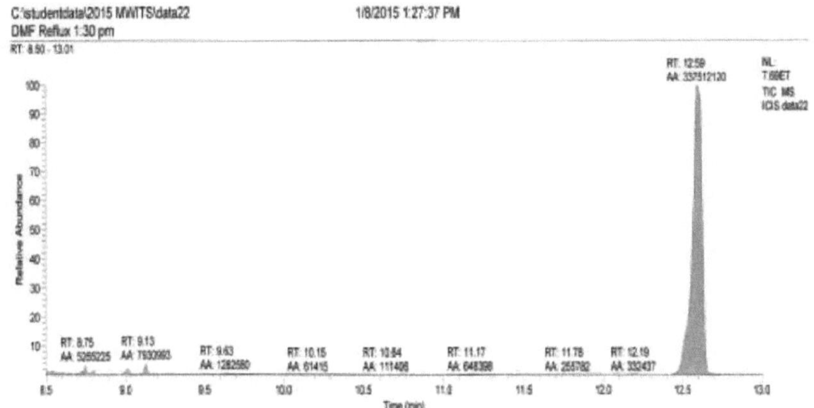

[Figura 4-14] Cromatograma de gás para uma amostra de 12 horas

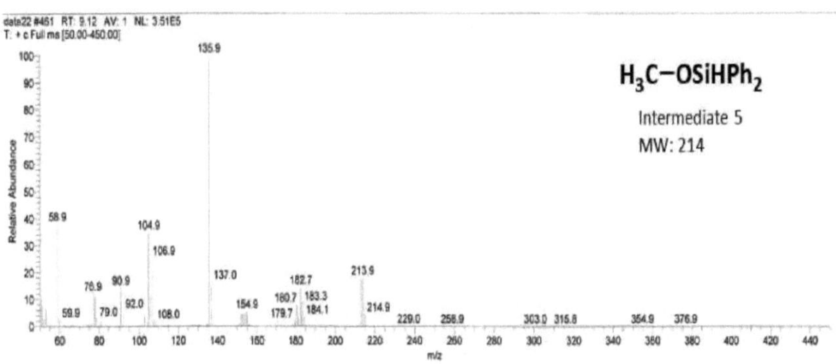

[Figura 4-15] Espectrometria de massa para uma amostra de 12 horas com RT = 9,1

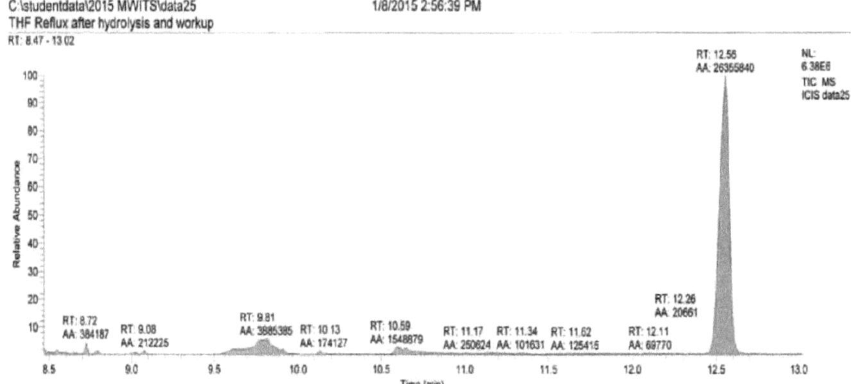

[Figura 4-16] Cromatograma gasoso da amostra colhida após a conclusão da reação de hidrólise

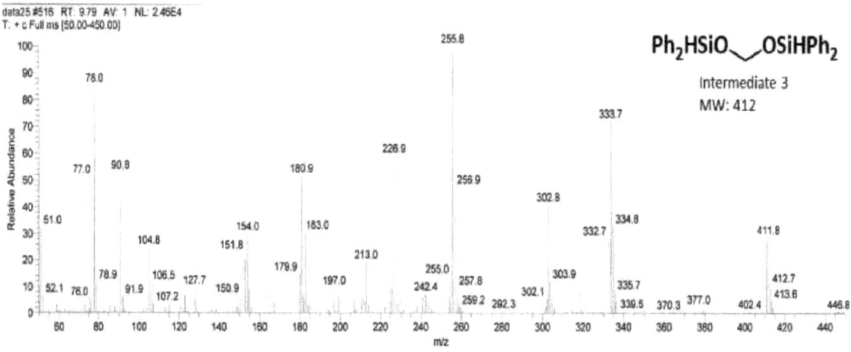

[Figura 4-17] Espectrometria de massa para a amostra colhida após a conclusão da reação de hidrólise a RT = 9,8

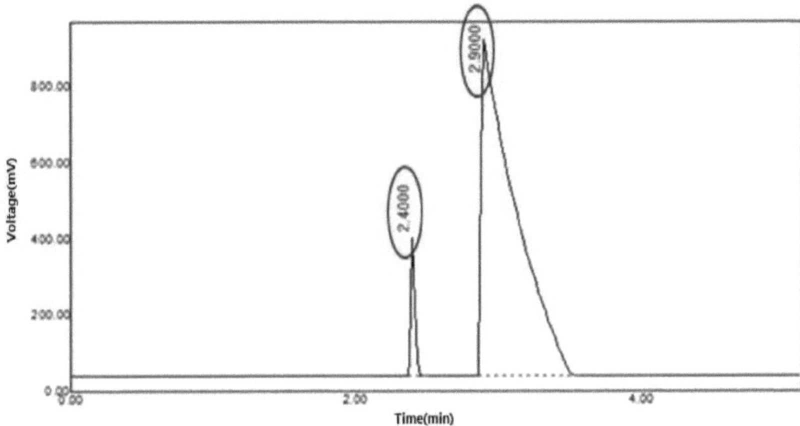

[Figura 4-18] Cromatograma em fase gasosa da mistura de metanol e diclorometano (proporção volúmica de 50:50, como mistura de referência)

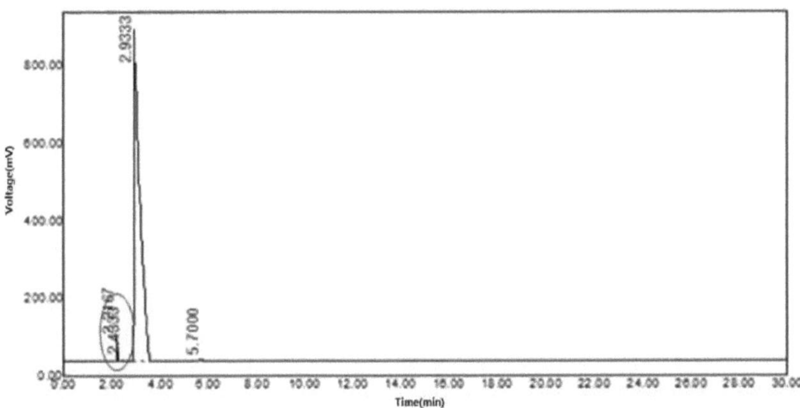

[Figura 4-19] Cromatograma de gás para a mistura de diclorometano e a amostra colhida após a conclusão da reação de hidrólise

Os resultados das análises da amostra são apresentados na [Figura 4-16] e na [Figura 4-17], que foi recolhida após a conclusão da reação de hidrólise. A amostra foi trabalhada através da adição de diclorometano antes da análise. Subsequentemente, a camada de diclorometano após o trabalho foi retirada por uma seringa e analisada com GC-MS para identificar os intermediários. Verifica-se um pico no tempo de retenção de 9,8 minutos no cromatograma gasoso ([Figura 4-16]) e um pico a 412 m/z na espetrometria de massa ([Figura 4-17]) que corresponde ao Intermediário 3 na [Figura 4-4].

Assim, é evidente que a substância intermédia 3 existe na amostra.

É um facto muito interessante que a substância intermédia 3 só tenha sido detectada após a conclusão da hidrólise. Assume-se que a taxa de produção do Intermediário 3 é mais lenta do que a taxa de desaparecimento do Intermediário 3. Assim, a substância intermédia 3 é imediatamente convertida na substância intermédia 4 e na substância intermédia 5 na reação inicial. No entanto, tem de existir um equilíbrio entre os três produtos intermédios, ou seja, os produtos intermédios 3, 4 e 5. Consequentemente, o Intermediário 3 poderia estar sempre presente e ser detectado na condição de equilíbrio entre os Intermediários 3, 4 e 5.

A mistura de metanol e diclorometano (razão volumétrica 50:50) foi preparada como amostra de referência e analisada por cromatografia gasosa, como se mostra na [Figura 4-18]. Com a amostra que foi recolhida após a conclusão da reação de hidrólise, a outra mistura foi preparada adicionando diclorometano antes da análise. Posteriormente, a camada de diclorometano foi recolhida por uma seringa e analisada por cromatografia gasosa. O cromatograma gasoso da outra mistura é apresentado na [Figura 4-19].

Quanto à mistura de referência de metanol e diclorometano, existem dois picos no tempo de retenção de 2,4 minutos e 2,9 minutos na [Figura 4-18], que correspondem ao metanol e ao diclorometano, respetivamente. Na [Figura 419], há um pico claro em torno do tempo de retenção de 2,4 minutos com a outra amostra. Por conseguinte, pode confirmar-se que o metanol foi finalmente formado após a hidrólise.

Com base no cromatograma gasoso da [Figura 4-9], [Figura 4-11], [Figura 4-14] e [Figura 4-16], a reação global do Intermédio 1 e do difenilsilano, que é composta por três etapas de reação, pode ser resumida da seguinte forma

- O produto intermédio 2 só existe 2 horas após o início da reação do produto intermédio 1 com o difenilsilano à temperatura ambiente.

- O produto intermédio 4 é produzido 5 horas após o início da reação do produto intermédio 1 com o difenilsilano.

- A intensidade do pico do Intermediário 2 diminui e o Intermediário 5 é gerado 12 horas após o início da reação. Assim, postula-se que o Intermediário 2 diminuiu e os Intermediários 4 e 5 aumentaram.

- O metanol é produzido como produto final após a hidrólise.

- Existe um equilíbrio entre três produtos intermédios, ou seja, os produtos intermédios 3, 4 e 5.

Assim, conclui-se que o mecanismo de reação proposto é razoável para a produção de metanol com dióxido de carbono utilizando carbeno N-heterocíclico à temperatura ambiente.

3. Conclusão

Nesta investigação, o catalisador de carbeno N-heterocíclico, preparado a partir de cloreto de 1-etil-3-metil-imidazólio, foi utilizado para converter dióxido de carbono em metanol. Procedemos à reação de CO_2 e difenilsilano sobre o carbeno N-heterocíclico e analisámos o produto e o intermediário com RMN e GC-MS.

Foi possível encontrar o pico de algumas séries de intermediários da amostra que foi recolhida numa hora, quatro horas, doze horas e após a hidrólise, respetivamente. Além disso, foi possível confirmar o pico de metanol no cromatograma de gás da amostra hidrolisada. Assim, podemos concluir que o metanol foi produzido como um produto final. Assim, o Intermediário 5 produzido a partir do mecanismo, que pode ser representado como $H_3C\text{-}OSiHR_2$, é o intermediário necessário para a obtenção de metanol por hidrólise. Todos estes dados estão de acordo com o nosso mecanismo hipotético para a reação de redução do dióxido de carbono.

Por outro lado, são necessárias outras experiências utilizando outros tipos de catalisadores de silano para acumular mais dados que devem ser aprofundados. Além disso, é necessário melhorar o rendimento do metanol utilizando formas alternativas, por exemplo, a utilização de carbenos N-heterocíclicos eficazes nas mesmas condições. Para aumentar a exatidão e a precisão da deteção do metanol, devem também ser considerados métodos de análise e caraterização melhorados.

REFERÊNCIAS

1. Referências para o Capítulo 1

1. **Nações Unidas,** "World Population Prospects, Key Findings and Advance Tables", The 2015 Revision, Nova Iorque (2015).

2. **Grupo do Banco Mundial, Grupo de Práticas Globais Sociais, Urbanas, Rurais e de Resiliência (Jan Whittington, Catherine Lynch),** "Climate- Informed Decisions: The Capital Investment Plan as a Mechanism for Lowering Carbon Emissions", Policy Research Working Paper 7381 (Jul. 2015).

3. **BP,** "BP Statistical Review of World Energy", bp.com/statisticalreview (Jun. 2015).

4. **Administração da Informação sobre Energia dos EUA,** "International Energy Outlook 2014: World Petroleum and Other Liquid Fuels With Projections to 2040", DOE/EIA-0484(2014), Gabinete de Análise Integrada e Internacional da Energia, Departamento de Energia dos EUA, Washington, DC 20585 (Set. 2014).

5. **Painel Intergovernamental sobre as Alterações Climáticas (Equipa Central de Redação, Rajendra K. Pachauri e Leo Meyer),** "Climate Change 2014: Relatório de Síntese" (2015).

6. **Administração da Informação sobre Energia dos EUA,** International Energy Outlook 2013, DOE/EIA-0484(2013) (Jul. 2013).

7. **Departamento de Energia dos EUA/Gabinete da Ciência, Centro de Análise de Informação sobre Dióxido de Carbono, Laboratório Nacional de Oak Ridge,** "Recent Greenhouse Gas Concentrations", DOI: 10.3334/CDIAC/ atg.032, http://cdiac.ornl.gov/pns/current_ghg.html (Fev. 2014).

8. **John Cook,** "Earth's Five Mass Extinction Events", http://www. skepticalscience.com/Earths-five-mass-extinction-events.html (abril de 2010).

9. **Administração Nacional Oceânica e Atmosférica (NOAA), Laboratório Ambiental Marinho do Pacífico, Grupo de Carbono PMEL, Centro de Visualização Ambiental, Sede do Gabinete de Investigação Oceânica e Atmosférica,** "What is Ocean Acidification?", http://www.pmel.noaa.gov/co2/story/What+is+Ocean+Acidification%3F (Dez. 2014).

10. **GreenFacts,** "Desertification", http://www.greenfacts.org/en/ desertification/l-2/1-define-desertification.htm#0 (2005).

11. **Issam Fares Institute for Public Policy and International Affairs, American University of Beirut,** "Impact of Population Growth and Climate Change on Water Scarcity, Agricultural Output

and Food Security", Climate Change and Environment in the Arab World Program, Research Study Report (abril de 2014).

12. **Pedro Bettencourt, Carlos César Jesus, Sónia Alcobia, e Raquel Agra,** "SEA and Climate Change in the Coastal Zone", Actas da Conferência IAIA12, Energy Future, The Role of Impact Assessment, 32nd Annual Meeting 27 May- 1 June 2012, Centro de Congresso da Alfândega, Porto - Portugal (www.iaia.org), Pedro Bettencourt, Carlos César Jesus, Sónia Alcobia, Raquel Agra (Jun. 2012).

13. **Sue Natali, Jennifer Morgan, Felix Warneken, e Anne Kelsey,** "Losing Frozen Earth Could Cook the Planet", http://loe. org/shows/shows.html?programID=15-P13-00024 (Jun. 2015).

14. **E. A. G. Schuur, A. D. McGuire, C. Scha"del, G. Grosse, J. W. Harden, D. J. Hayes, G. Hugelius, C. D. Koven, P. Kuhry, D. M. Lawrence, S. M. Natali, D. Olefeldt, V. E. Romanovsky, K. Schaefer, M. R. Turetsky, C. C. Treat, e J. E. Vonk,** "Climate Change and the Permafrost Carbon Feedback", *Nature,* **520**, pp. 171-179, (Abr. 2015).

2. Referências para o capítulo 2

1. **Dennis Y. C. Leung, Giorgio Caramanna, e M. Mercedes Maroto-Valer,** "An overview of current status of carbon dioxide capture and storage technologies", *Renewable and Sustainable Energy Reviews,* **39,** pp. 426-443 (Nov. 2014).

2. **Mohamed Kanniche, René Gros-Bonnivard, Philippe Jaud, José Valle-Marcos, Jean-Marc Amann e Chakib Bouallou,** "PreCombustion, Post-Combustion and Oxy-Combustion in Thermal Power Plant for CO_2 Capture", *Applied Thermal Engineering,* **30** (1), pp. 53-62 (Jan. 2010).

3. **Global CCS Institute,** The global Status of CCS 2014, http://decarboni.se/sites/default/files/publications/180923/global-status- ccs-2014.pdf(Sep. 2014).

4. **Projeto de Captura de CO_2,** "Three basic methods to separate gases", http://www.co2captureproject.org/pdfs/3_basic_methods_gas_separa- tion.pdf(2008).

5. **Painel Intergovernamental sobre as Alterações Climáticas (Bert Metz, Ogunlade Davidson, Heleen de Coninck, Manuela Loos e Leo Meyer),** "IPCC Special Report on Carbon Dioxide Capture and Storage", Cambridge University Press (2005).

6. **Mohammad Songolzadeh, Mansooreh Soleimani, Maryam Takht Ravanchi e Reza Songolzadeh,** "Carbon Dioxide Separation from Flue Gases: A Technological Review Emphasizing Reduction in Greenhouse Gas Emissions", *The Scientific World Journal,* **2014,** pp. 134, Article ID 828131, http://dx.doi.org/10.1155/2014/828131 (Feb. 2014).

7. **Reza Abedini, e Amir Nezhadmoghadam,** "Application of Membrane in Gas Separation,

Processes: Its Suitability and Mechanisms", *Petroleum & Coal,* **52** (2), pp. 69-80 (Jun. 2010).

8. **Chunshan Song,** "Global challenges and strategies for control, conversion and utilization of CO_2 for sustainable development involving energy, catalysis, adsorption and chemical processing", *Catalysis Today,* **115,** pp.2-32 (Feb. 2006).

9. **Toshiyasu Sakakura e Kazufumi Kohno,** "The Synthesis of Organic Carbonates from Carbon Dioxide", *Chemical Communications,* **2009** (11), pp. 1312-1330 (Mar. 2009).

10. **Guoan Du, Sangyun Lim, Yanhui Yang, Chuan Wang, Lisa Pfefferle e Gary L. Haller,** "Methanation of Carbon Dioxide on Ni- Incorporated MCM-41 Catalysts: The Influence of Catalyst Pretreatment and Study of Steady-State Reaction", *Journal of Catalysis,* **249**(2), pp. 370-379 (Jul. 2007).

11. **Jung-Nam Park e Eric W. McFarland,** "A Highly Dispersed Pd- Mg/SiO2 Catalyst Active for Methanation of CO_2", *Journal of Catalysis,* **266**(1), pp. 92-97 (agosto de 2009).

12. **Carla de Leitenburg, Alessandro Trovarelli, e Jan Kaspar,** "A Temperature-Programmed and Transient Kinetic Study of CO_2 Activation and Methanation over CeO2 Supported Noble Metals", *Journal of Catalysis,* **166**(1), pp. 98-107 (Feb.1997).

13. **M. Bowker, T.J. Cassidy, A.T. Ashcroft, e A.K. Cheetham, "The Methanation of CO and CO_2 over a Rh/Al2O3 Catalyst Using a Pulsed-Flow Microreactor",** *Journal of Catalysis,* **143**(1), pp. 308-313 (Sep. 1993).

14. **Olaf Deutschmann, Helmut Knozinger, Karl Kochloefl, e Thomas Turek,** "Heterogeneous Catalysis and Solid Catalysts", Wiley-VCH Verlag GmbH & Co. KGaA, Weinheim, Alemanha (2008).

15. **Feg-Wen Chang, Maw-SueyKuo, Ming-TsehTsay, e Ming-Chung Hsieh,** "Hydrogenation of CO_2 over Nickel Catalysts on Rice Husk Ashalumina Prepared by Incipient Wetness Impregnation", *Applied Catalysis A: General,* **247** (2), pp. 309-320 (Jul. 2003).

16. **Craig K. Vance e Calvin H. Bartholomew,** "Hydrogenation of Carbon Dioxide on Group VIII Metals. III, Effects of Support on Activity/Selectivity and Adsorption Properties of Nickel", *Applied Catalysis,* **7** (2) pp. 169-177 (Aug. 1983).

17. **Feg-Wen Chang, Ming-Tseh Tsay, e Shih-Ping Liang,** "Hydrogenation of CO2over Nickel Catalysts Supported on Rice Husk Ash Prepared by Ion Exchange", *Applied Catalysis A: General,* **209**(1-2), pp. 217-227 (Feb. 2001).

18. **A. L. Lapidus, N. A. Gaidai, N. V. Nekrasov, L. A. Tishkova, Yu. A. Agafonov, e T. N. Myshenkova,** "The Mechanism of Carbon Dioxide Hydrogenation on Copper and Nickel Catalysts",

Petroleum Chemistry, **47** (2), pp. 75-82 (Mar. 2007).

19. **Michel Marwood, Ralf Doepper, e Albert Renken,** "In-situ Surface and Gas Phase Analysis for Kinetic Studies under Transient Conditions - The Catalytic Hydrogenation of CO_2", *Applied Catalysis A: General,* **151**(1), pp. 223-246 (Mar. 1997).

20. **S. Fujita, H. Terunuma, H. Kobayashi, e N. Takezawa,** "Methanation of Carbon Monoxide and Carbon Dioxide over Nickel Catalyst under the Transient State", *Reaction Kinetics and Catalysis Letters,* **33**(1), pp. 179-184 (Mar. 1987).

21. **C. Schild, e A. Wokaun,** "On the Mechanism of CO and CO_2 Hydrogenation Reactions on Zirconia-supported Catalysts: a Diffuse Reflectance FTIR Study Part II. Espécies de superfície em catalisadores de cobre/zircónia: Implications for Methanol Synthesis Selectivity", *Journal of Molecular Catalysis,* **63**(2), pp. 243-254 (Dez. 1990).

22. **D. E. Peebles, e D. W. Goodman,** "Methanation of Carbon Dioxide on Ni(100) and the Effects of Surface Modifiers", *The Journal of Physical Chemistry,* **87** (22), pp. 4378-4387 (Out. 1983).

23. **Marc Jacquemin, Antoine Beuls e Patricio Ruiz,** "Catalytic Production of Methane from CO_2 and H2 at Low Temperature: Insight on the Reaction Mechanism", *Catalysis Today,* **157** (1-4), pp. 462-466 (Nov. 2010).

24. **George A. Olah, Alain Goeppert e G. K. Surya Prakash,** "Chemical Recycling of Carbon Dioxide to Methanol and Dimethyl Ether: From Greenhouse Gas to Renewable, Environmentally Carbon Neutral Fuels and Synthetic Hydrocarbons", *Journal of Organic Chemistry,* **74** (2), pp. 487-498 (Jan. 2009).

25. **J.C.J. Bart, e R.P.A. Sneeden,** "Copper-Zinc Oxide-Alumina Methanol Catalysts Revisited", *Catalysis Today,* **2,** pp. 1-124 (Dez 1987).

26. **Bruno A. V. Santos, José M. Loureiro, Ana M. Ribeiro, Alirio E. Rodrigues e Adelino F. Cunha,** "Methanol Production by BiReforming", *The Canadian Journal of Chemical Engineering,* **93** (3), pp. 510-526 (Mar 2015).

27. **Gabriele Centi, e Siglinda Perathoner,** "Opportunities and Prospects in the Chemical Recycling of Carbon Dioxide to Fuels", *Catalysis Today,* **148** (3-4), pp. 191-205 (Nov. 2009).

28. **Jun Ma, Nannan Sun, Xuelan Zhang, Ning Zhao, Fukui Xiao, Wei Wei e Yuhan Sun,** "A Short Review of Catalysis for CO_2 Conversion", *Catalysis Today,* **148** (3-4), pp. 221-231 (Nov. 2009).

29. **Xin-Mei Liu, G. Q. Lu, Zi-Feng Yan, e Jorge Beltramini,** "Recent Advances in Catalysts for Methanol Synthesis via Hydrogenation of CO and CO_2, *Ind. Eng. Chem. Res.,* **42** (25), pp. 65128-6530 (Nov. 2003).

30. **Shin-ichiro Fujita, Shuhei Moribe, Yoshinori Kanamori, Miki Kakudate, e Nobutsune Takezawa,** "Preparation of a Coprecipitated Cu/ZnO Catalyst for the Methanol Synthesis from CO_2 - Effects of the Calcination and Reduction Conditions on the Catalytic Performance", *Applied Catalysis A: General,* **207**(1-2) pp. 121-128 (Feb. 2001).

31. **Cheng Yang, Zhongyi Ma, Ning Zhao, Wei Wei, Tiandou Hu e Yuhan Sun,** "Methanol Synthesis from CO_2 - Rich Syngas over a ZrO2 Doped CuZnO Catalyst", *Catalysis Today,* **115** (1-4), pp. 222-227 (Jun 2006).

32. **Francesco Arena, Katia Barbera, Giuseppe Italiano, Giuseppe Bonura, Lorenzo Spadaro, e Francesco Frusteri,** "Synthesis, Characterization and Activity Pattern of Cu-ZnO/ZrO2 Catalysts in the Hydrogenation of Carbon Dioxide to Methanol", *Journal of Catalysis,* **249** (2), pp. 185-194 (Jul. 2007).

33. **Francesco Arena, Giuseppe Italiano, Katia Barbera, Silvia Bordiga, Giuseppe Bonura, Lorenzo Spadaro e Francesco Frusteri,** "Solid-

State Interactions, Adsorption Sites and Functionality of Cu-ZnO/ZrO2 Catalysts in the CO_2 Hydrogenation to CH_3OH", *Applied Catalysis A: General,* **350** (1), pp. 16 -23 (Nov. 2008).

34. **Ian A. Fisher e Alexis T. Bell,** "In-Situ Infrared Study of Methanol Synthesis from H2/CO2 over Cu/SiO2 and $Cu/ZrO_2/SiO_2$", *Journal of Catalysis,* **172 (1)**, pp. 222-237 (Nov. 1997).

35. **Kwang-Deog Jung, e Alexis T. Bell,** "Role of Hydrogen Spillover in Methanol Synthesis over Cu/ZrO_2", *Journal of Catalysis,* **193 (2)**, pp. 207-223 (Jul. 2000).

36. **Douglas W. Stephan,** "Frustrated Lewis pairs: A New Strategy to Small Molecule Activation and Hydrogenation Catalysis", *Dalton Transactions,* **2009** (17), pp. 3129-3136 (maio de 2009).

37. **Gregory C. Welch, e Douglas W. Stephan,** "Facile Heterolytic Cleavage of Dihydrogen by Phosphines and Boranes", *Journal of the American Chemical Society,* **129**(7), pp. 1880-1881 (Jan. 2009).

38. **Andrew E. Ashley, Amber L. Thompson e Dermot O'Hare,** "NonMetal-Mediated Homogeneous Hydrogenation of CO_2 to CH_3OH", *Angewandte Chemie International Edition,* **48** (52), pp. 9839-9843 (Dez. 2009).

3. Referências para o capítulo 3

1. **Stephen T. Liddle, David P. Mills e Ashley J. Wooles,** "Early Metal Bis(Phosphorus-Stabilised)Carbene Chemistry", *The Royal Society of Chemistry,* **2011** (5), pp. 2164-2176 (maio de 2011).

2. **Anthony J. Arduengo, III, e Roland Kvafczyk,** "Auf der Suchenach Stabilen Carbenen",

Chemie in Unserer Zeit, **32** (1), pp. 6-14 (Fev. 1998).

3. **Matthew N. Hopkinson, Christian Richter, Michael Schedlerand, Frank Glorius,** "An Overview of N-heterocyclic Carbenes", *Nature,* **510** (7506), pp. 485-496 (Jun. 2014).

4. **Wolfgang Kirmse,** "The Beginnings of N-Heterocyclic Carbenes", *Angewandte Chemie International Edition,* **49** (47), pp. 8797-8801 (Nov. 2010).

5. **Anthony J. Arduengo, III**, "Looking for Stable Carbenes: The Difficulty in Starting Anew", *Accounts of Chemical Research,* **32** (11), pp. 913-921 (Nov. 1999).

6. **Anthony J. Arduengo, III, Richard L. Harlow, e Michael Kline,** "A Stable Crystalline Carbene", *Journal of the American Chemical Society,* **113** (1), pp. 361-363 (Jan. 1991).

7. **H.-W. Wanzlick, e H.-J. Schonherr,** "Diret Synthesis of a Mercury Salt-Carbene Complex", *Angewandte Chemie International Edition,* **7**(2), pp. 141-142 (Mar. 1968).

8. **K·Ofele**, "1,3-Dimethyl-4-Imidazolinyliden-(2)-Pentacarbonylchrom Ein Neuer Übergangsmetall-Carben-Komplex", *Journal of Organometallic Chemistry,* **12** (3), pp. P42-P43 (Jun. 1968).

9. **Wolfgang A. Herrmann, e Christian Kocher,** "N-Heterocyclic Carbenes", *Angewandte Chemie International Edition,* **36**(20), pp. 2162- 2187(Nov. 1997).

10. **Nicolas Marion, SilviaDiez-Gonzâlez, e Steven P. Nolan,** "N- Heterocyclic Carbenes as Organocatalysts", *Angewandte Chemie International Edition,* **46** (17), pp. 2988-3000 (Abr. 2007).

11. **Wolfgang A. Herrmann, Martina Elison, Jakob Fischer, Christian Kocher, e Georg R. J. Artus,** "Metal Complexes of N-Heterocyclic Carbenes - A New Structural Principle for Catalysts in Homogeneous Catalysis", *Angewandte Chemie International Edition in English,* **34** (21), pp. 2371-2374 (Nov. 1995).

12. **Robert H. Grubbs,** "Olefin-Metathesis Catalysts for the Preparation of Molecules and Materials (Nobel Lecture)", *Angewandte Chemie International Edition,* **45** (23), pp. 3760-3765 (Jun. 2006).

13. **Amir H. Hoveyda, e Adil R. Zhugralin,** "The Remarkable Metal- catalysed Olefin Metathesis Reaction", *Nature,* **450** (7567), pp. 243-251 (Nov. 2007).

14. **Macarena Poyatos, José A. Mata, e Eduardo Peris,** "Complexos com Ligandos de Poli(N-heterociclo Carbeno): Structural Features and Catalytic Applications", *Chemical Reviews,* **109** (8), pp. 3677-3707 (agosto de 2009).

15. **Feijun Wang, Lian-jun Liu, Wenfeng Wang, Shengke Li e Min Shia,** "Chiral NHC-metal-

based Asymmetric Catalysis", *Coordination Chemistry Reviews,* **256** (9-10), pp.804-853 (maio de 2012).

16. **Pierre de Fremónt, Nicolas Marion, e Steven P. Nolan,** "Carbenes: Synthesis, Properties, and Organometallic Chemistry", *Coordination Chemistry Reviews,* **253** (7-8) pp. 862-892 (Abr. 2009).

17. **Jason W. Runyon, Oliver Steinhof, H. V. Rasika Dias, Joseph C. Calabrese, William J. Marshall e Anthony J. Arduengo III,** "Carbene-Based Lewis Pairs for Hydrogen Activation", *Australian Journal of Chemistry,* **64** (8) pp. 1165-1172 (agosto de 2011).

18. **Anthony J. Arduengo, III, Jens R. Goerlich, e William J. Marshal,** "A Stable Diaminocarbene", *Journal of the American Chemical Society,* **117** (44), pp. 11027-11028 (Nov. 1995).

19. **Mohand Melaimi, Michèle Soleilhavoup, e Guy Bertrand,** "Stable Cyclic Carbenes and Related Species beyond Diaminocarbenes", *Angewandte Chemie International Edition,* **49** (47), pp. 8810-8849 (Nov. 2010).

20. **Vincent Lavallo, Yves Canac, Carsten Prasang, Bruno Donnadieu e Guy Bertrand,** "Stable Cyclic(Alkyl)(Amino)Carbenes as Rigid or Flexible, Bulky, Electron-Rich Ligands for Transition-Metal Catalysts: A Quaternary Carbon Atom Makes the Difference", *Angewandte Chemie International Edition,* **44** (35), pp. 5705-5709 (Set. 2005).

21. **David J. Nelson e Steven P. Nolan,** "N-Heterocyclic Carbenes", Capítulo 1 em Steven P. Nolan Edited "N-Heterocyclic Carbenes: Effective Tools for Organometallic Synthesis", Wiley-VCH, Weinheim, Alemanha, pp. 1-24 (2014).

22. **Oliver Schuster, Liangru Yang, Helgard G. Raubenheimer e Martin Albrecht,** "Beyond Conventional N-Heterocyclic Carbenes: Abnormal, Remote, and Other Classes of NHC Ligands with Reduced Heteroatom Stabilization", *Chemical Reviews,* **109** (8), pp. 3445-3478 (Aug. 2009).

23. **Robert H. Crabtree,** "Complexos anormais, mesoiónicos e remotos de carbenos N-heterocíclicos", *Coordination Chemistry Reviews,* **257** (3-4), pp. 755-766 (fevereiro de 2013).

24. **Frank Glorius,** "N-Heterocyclic Carbenesin Transition Metal Catalysis", Capítulo 1 em Frank Glorius Edited "N-Heterocyclic Carbenes in Catalysis - An Introduction", Topics in Organometallic Chemistry, Volume 21(2007), Springer-Verlag, Alemanha (Berlim, Heidelberg), pp. 1-20 (2007).

25. **Laure Benhamou, Edith Chardon, Guy Lavigne, Stéphane Bellemin-Laponnaz e Vincent César,** "Synthetic Routes to N-Heterocyclic Carbene Precursors", *Chemical Reviews,* **111** (4), pp. 2705-2733 (abril de 2011).

26. **Anna C. Hillier, William J. Sommer, Ben S. Yong, Jeffrey L. Petersen, Luigi Cavallo e Steven P. Nolan,** "A Combined Experimental and Theoretical Study Examining the Binding of N-Heterocyclic Carbenes(NHC) to the Cp*RuCl (Cp*=η^5 -C5Me5) Moiety: Insight into Stereoelectronic Differences between Unsaturated and Saturated NHC Ligands", *Organometallics,* **22** (21), pp. 4322-4326 (Out. 2003).

27. **Chadwick A. Tolman,** "Steric Effects of Phosphorus Ligands in Organometallic Chemistry and Homogeneous Catalysis", *Chemical Reviews,* **77** (3), pp. 313-348 (Jun. 1977).

28. **SilviaDiez-Gonzâlez, e Steven P.Nolan,** "Parâmetros estereoelectrónicos associados a ligandos de carbenos N-heterocíclicos (NHC): A Quest for Understanding", *Coordination Chemistry Review,* **251** (5-6), pp. 874-883 (Mar. 2007).

29. **Heiko Jacobsen, Andrea Correa, Albert Poater, Chiara Costabile, Luigi Cavallo,** "Understanding the M (NHC) (NHC = N-Heterocyclic Carbene) Bond", *Coordination Chemistry Reviews,* **253** (5-6), pp. 687703 (Mar. 2009).

30. **David Martin, Nicolas Lassauque, Bruno Donnadieu e Guy Bertrand,** "Um Diaminocarbeno Cíclico com um Átomo de Azoto Piramidalizado: A Stable N-Heterocyclic Carbene with Enhanced Electrophilicity", *Angewandte Chemie International Edition,* **51** (25), pp. 6172-6175 (Jun. 2012).

31. **Robert H. Crabtree,** "NHC Ligands versus Cyclopentadienyls and Phosphines as Spectator Ligands in Organometallic Catalysis", *Journal of Organometallic Chemistry,* **690** (24-25), pp. 5451-5457 (Dez. 2005).

32. **Cathleen M. Crudden, e Daryl P. Allen,** "Stability and Reactivity of N-heterocyclic Carbene Complexes", *Coordination Chemistry Reviews,* **248** (21-14), pp. 2247-2273 (Dez. 2004).

33. **Michael K. Denk, Jos M. Rodezno, Shilpi Gupta e Alan J. Lough,** "Synthesis and Reactivity of Subvalent Compounds Part 11. Oxidation, Hydrogenation and Hydrolysis of Stable Diamino Carbenes", *Journal of Organometallic Chemistry,* **617-618**, pp. 242-253 (Jan. 2001).

34. **Mark T. Powell, Duen-Ren Hou, Marc C. Perry, Xiuhua Cui e Kevin Burgess,** "Chiral Imidazolylidine Ligands for Asymmetric Hydrogenation of Aryl Alkenes", *Journal of the American Chemical Society,* **123** (36), pp. 8878-8879 (Set. 2001).

35. **Andreas Schumacher, Maurizio Bernasconi e Andreas Pfaltz,** "Chiral N-Heterocyclic Carbene/Pyridine Ligands for the Iridium- Catalyzed Asymmetric Hydrogenation of Olefins", *Angewandte Chemie International Edition,* **52** (29), pp. 7422-7425 (Jul. 2013).

36. **Nuria Ortega, Slawomir Urban, Bernhard Beiring e Frank Glorius,** "Ruthenium NHC

Catalyzed Highly Asymmetric Hydrogenation of Benzofurans", *Angewandte Chemie International Edition,* **51** (7), pp. 1710-1713 (Fev. 2012).

37. **Kalluri V. S. Ranganath, Johannes Kloesges, Andreas H. Schafer e Frank Glorius,** "Asymmetric Nanocatalysis: N-Heterocyclic Carbenes as Chiral Modifiers of FesO4/Pd Nanoparticles", *Angewandte Chemie International Edition,* **49** (42), pp. 7786-7789 (Out. 2010).

38. **Patricia Lara, Orestes Rivada-Wheelaghan, Salvador Conejero, Romuald Poteau, Karine Philippot e Bruno Chaudret,** "Ruthenium Nanoparticles Stabilized by N-Heterocyclic Carbenes: *Ligand* Location and Influence on Reactivity", *Angewandte Chemie International Edition,* **50** (50), pp. 12080-12084 (Dez. 2011).

39. **Aleksandr V. Zhukhovitskiy, Michael G. Mavros, Troy Van Voorhis e Jeremiah A. Johnson,** "Addressable Carbene Anchors for Gold Surfaces", *Journal of the American Chemical Society,* **135**(20), pp. 74187421 (maio de 2013).

40. **Gabriele Centi, e Siglinda Perathoner,** "CO2-based Energy Vectors for the Storage of Solar Energy", *Greenhouse Gases: Science and Technology,* **1** (1), pp. 21-35 (Mar. 2011).

41. **Ibram Ganesh,** "Conversion of Carbon Dioxide into Methanol - A Potential Liquid Fuel: Fundamental Challenges and Opportunities (a Review)", *Renewable and Sustainable Energy Reviews,* **31**, pp. 221-257 (Mar. 2014).

42. **Nicolas Eghbali, e Chao-Jun Li,** "Conversion of Carbon Dioxide and Olefins into Cyclic Carbonates in Water", *Green Chemistry,* **9** (3), pp. 213-215 (Mar. 2007).

43. **Abbas-Alli G. Shaikh,** "Organic Carbonates", *Chemical Reviews,* **96** (3), pp. 951-976 (maio de 1996).

44. **Hironori Arakawa, Michele Aresta, John N. Armor, Mark A. Barteau, Eric J. Beckman, Alexis T. Bell, John E. Bercaw, Carol Creutz, Eckhard Dinjus, David A. Dixon, Kazunari Domen, Daniel L. DuBois, Juergen Eckert, Etsuko Fujita, Dorothy H. Gibson, William A. Goddard, D. Wayne Goodman, Jay Keller, Gregory J. Kubas, Harold H. Kung, James E. Lyons, Leo E. Manzer, Tobin J. Marks, Keiji Morokuma, Kenneth M. Nicholas, Roy Periana, Lawrence Que, Jens Rostrup-Nielson, Wolfgang M. H. Sachtler, Lanny D. Schmidt, Ayusman Sen, Gabor A. Somorjai, Peter C. Stair, B. Ray Stults e William Tumas,** "Catalysis Research of Relevance to Carbon Management: Progress, Challenges, and Opportunities", *Chemical Reviews,* **101** (4), pp. 953-996 (abril de 2001).

45. **Hiroshi Sugimoto, e Shohei Inoue,** "Copolymerization of Carbon Dioxide and Epoxide", *Journal of Polymer Science Part A: Polymer Chemistry,* **42** (22), pp. 5561-5573 (Nov. 2004).

46. **Arno Behr,** "Carbon Dioxide as an Alternative C1 Synthetic Unit: Activation by Transition-Metal Complexes", *Angewandte Chemie International Edition in English,* **27** (5), pp. 661-678 (maio de 1988).

47. **George A. Olah,** "Alternative Energy Sources Beyond Oil and Gas: The Methanol Economy", *Angewandte Chemie International Edition,* **44** (18), pp. 2636-2639 (abril de 2005).

48. **Takeshi Ohishi, Masayoshi Nishiura, e Zhaomin Hou,** "Carboxylation of Organoboronic Esters Catalyzed by N-Heterocyclic Carbene Copper(I) Complexes", *Angewandte Chemie International Edition,* **47** (31), pp. 5792-5795 (Jul. 2008).

49. **Toshiyasu Sakakura, Jun-Chul Choi, e Hiroyuki Yasuda,** "Transformation of Carbon Dioxide", *Chemical Reviews,* **107** (6), pp. 2365-2387 (Jun. 2007).

50. **Ann E. Visser, Richard P. Swatloski, e Robin D. Rogers,** "pH- Dependent Partitioning in Room Temperature Ionic Liquids Provides a Link to Traditional Solvent Extraction Behavior", *Green Chemistry,* **2000** (1), pp. 1-4 (Feb. 2000).

51. **Lan Zhao, Chunyan Zhang, Lang Zhuo, Yugen Zhang e Jackie Y. Ying,** "Imidazolium Salts: A Mild Reducing and Antioxidative Reagent", *Journal of the American Chemical Society,* **30** (38), pp. 12586-12857 (Sep. 2008).

52. **Eduardo Peris, e Robert H. Crabtree,** "Recent Homogeneous Catalytic Applications of Chelate and Pincer N-Heterocyclic Carbenes", *Coordination Chemistry Reviews,* **248** (21-24), pp. 2239-2246 (Dez. 2004).

53. **F. Ekkehardt Hahn, "Heterocyclic Carbenes",** *Angewandte Chemie International Edition,* **45** (9), pp. 1348-1352 (Fev. 2006).

54. **Tina L. Amyes, Steven T. Diver, John P. Richard, Felix M. Rivas e Krisztina Toth,** "Formation and Stability of N-Heterocyclic Carbenes in Water: The Carbon Acid pKa of Imidazolium Cations in Aqueous Solution", *Journal of the American Chemical Society,* **126** (13), pp. 4052-4460 (Abr. 2004).

55. **Siti Nurhanna Riduan, Yugen Zhang e Jackie Y. Ying,** "Conversion of Carbon Dioxide into Methanol with Silanes over N- Heterocyclic Carbene Catalysts", *Angewandte Chemie International Edition,* **48** (18), pp. 3322-3325 (abril de 2009).

56. **Hung A. Duong, Thomas N. Tekavec, Atta M. Arif e Janis Louie,** "Reversible Carboxylation of N-heterocyclic Carbenes", *Chemical Communications,* **2004** (1), pp. 112-113 (Jan. 2004).

57. **Siti Nurhanna Riduan, e Yugen Zhang,** "Recent Developments in Carbon Dioxide Utilization under Mild Conditions", *Dalton Transactions,* **39** (4), pp 3347-3357 (Arp. 2010).

58. **Kirsten Zeitler,** "Extending Mechanistic Routes in Heterazolium Catalysis - Promising Concepts for Versatile Synthetic Methods", *Angewandte Chemie International Edition,* **44** (46), pp. 7506-7510 (Nov. 2010).

59. **Arkaitz Correa, e Rubén Martin,** "Metal-Catalyzed Carboxylation of Organometallic Reagents with Carbon Dioxide", *Angewandte Chemie International Edition,* **48** (34), pp. 6201-6204 (Arp. 2009).

60. **Adelina M. Voutchkova, Leah N. Appelhans, Anthony R. Chianese e Robert H. Crabtree,** "Disubstituted Imidazolium-2-Carboxylates as Efficient Precursors to N-Heterocyclic Carbene Complexes of Rh, Ru, Ir, and Pd", *Journal of the American Chemical Society,* **127** (50), pp. 1762417625 (Dez. 2005).

61. **Immacolata Tommasi, e Fabiana Sorrentino,** "Utilisation of 1,3- Dialkylimidazolium-2-Carboxylates as CO_2-Carriers in the Presence of Na^+ and K^+ : Application in the Synthesis of Carboxylates, Monomethylcarbonate Anions and Halogen-free Ionic Liquids", *Tetrahedron Letters,* **46** (12), pp. 2141-2145 (Mar. 2005).

62. **Yoshihito Kayaki, Masafumi Yamamoto e Takao Ikariya,** "N- Heterocyclic Carbenes as Efficient Organocatalysts for CO_2 Fixation Reactions", *Angewandte Chemie International Edition,* **48** (23), pp. 41944197 (maio de 2009).

63. **Silvia Diez-Gonzâlez, e Steven P. Nolan,** "Hidrossililação de Compostos Carbonílicos e Iminas Catalisada por Metais de Transição. A Review",

Organic Preparations and Procedures International, **39** (6), pp. 523-559 (Dez. 2007).

64. **Dennis Troegel e Jurgen Stohrer,** "Recent Advances and Atual Challenges in Late Transition Metal Catalyzed Hydrosilylation of Olefins from an Industrial Point of View", *Coordination Chemistry Reviews,* **255** (13-14), pp. 1440-1559 (Jul. 2011).

65. **Hideomi Koinuma, Fumiaki Kawakami, Hirohiko Kato, e Hidefumi Hirai,** "Hydrosilylation of Carbon Dioxide Catalysed by Ruthenium Complexes", *Journal of the Chemical Society, Chemical Communications,* **1981** (5), pp. 213-214 (Mar. 1981).

66. **Thomas C. Eisenschmid e Richard Eisenberg,** "Dioxide to Methoxide by Alkylsilanes", *Organometallics,* **8** (7), pp. 1822-1824 (Jul. 1989).

67. **Achim Jansen, Helmar Gorls e Stephan Pitter,** "trans- $[Ru^{II} Cl(MeCN)_5][Ru^{III} Cl_4(MeCN)_2]$: A Reactive Intermediate in the Homogeneous Catalyzed Hydrosilylation of Carbon Dioxide", *Organometallics,* **19** (2), pp. 135-138 (Jan. 2000).

68. **Achim Jansen e Stephan Pitter,** "Homogeneously Catalysed Reduction of Carbon Dioxide

with Silanes: A Study on Solvent and Ligand Effects and Catalyst Recycling", *Journal of Molecular Catalysis A: Chemical,* **217** (1-2), pp. 41-45 (agosto de 2004).

69. **Tsukasa Matsuo, e Hiroyuki Kawaguchi,** "From Carbon Dioxide to Methane: Homogeneous Reduction of Carbon Dioxide with Hydrosilanes Catalyzed by Zirconium-Borane Complexes", *Journal of the American Chemical Society,* **128** (38), pp. 12362-12364 (Sep. 2006).

70. **Peter Deglmann, Erika Ember, Peter Hofmann, Stephan Pitter, andOlaf Walter,** "Experimental and Theoretical Investigations on the Catalytic Hydrosilylation of Carbon Dioxide with Ruthenium Nitrile Complexes", *Chemistry - A European Journal,* **13** (10), pp. 2864-2879 (Mar. 2007).

71. **Yugen Zhang, Siti Nurhanna Riduan, e Jackie Y. Ying,** "Microporous Polyisocyanurate and Its Application in Heterogeneous Catalysis", *Chemistry - A European Journal,* **15** (5), pp. 1077-1081 (Jan. 2009).

72. **Gajanan Manohar Pawara, e Michael R. Buchmeiser,** "Polymer- Supported, Carbon Dioxide-Protected N-Heterocyclic Carbenes: Synthesis and Application in Organo- and Organometallic Catalysis", *Advanced Synthesis & Catalysis,* **352** (5), pp. 917-928 (Mar. 2010).

73. **Adam B. Powell, Yasuo Suzuki, Mitsuru Ueda, Christopher W. Bielawski e Alan H. Cowley,** "A Recyclable, Self-Supported Organocatalyst Based on a Poly(N-Heterocyclic Carbene)", *Journal of the American Chemical Society,* **133** (14), pp. 5218-5220 (abril de 2011).

74. **Marcus Rose, Andreas Notzon, Maja Heitbaum, Georg Nickerl, Silvia Paasch, Eike Brunner, Frank Glorius e Stefan Kaskel,** "N- Heterocyclic Carbene Containing Element Organic Frameworks as Heterogeneous Organocatalysts", *Chemical Communications,* **47** (6), pp. 4814-4816 (abril de 2011).

75. **Siti Nurhanna Riduan, Jackie Y. Ying, e Yugen Zhang,** "Redução de CO_2 catalisada por carbeno poli-N-heterocíclico sólido com hidrosilanos", *Journal of Catalysis,* In Press, Corrected Proof, Disponível Online em 21 de outubro de 2015.

Printed by Books on Demand GmbH, Norderstedt / Germany